DISPERSOIDANALYTISCHE UNTERSUCHUNG VON ZAHNPASTEN UND -PULVERN UND IHRE PRAKTISCHE BEDEUTUNG

INAUGURAL-DISSERTATION

ZUR

ERLANGUNG DER WÜRDE

EINES

DOKTORS DER ZAHNHEILKUNDE

DER

HOHEN MEDIZINISCHEN FAKULTÄT

DER

HAMBURGISCHEN UNIVERSITÄT

VORGELEGT VON

AUGUST F. THÖLCKE
PRAKT. ZAHNARZT IN HAMBURG

1929

SPRINGER-VERLAG BERLIN HEIDELBERG GMBH 1930

Referent: Prof. Dr. Brauer.

ISBN 978-3-662-40823-0   ISBN 978-3-662-41307-4 (eBook)
DOI 10.1007/978-3-662-41307-4

Sonderdruck aus „Deutsche Monatsschrift für Zahnheilkunde", 1930, Heft 2 u. 3.
(Springer-Verlag Berlin Heidelberg GmbH.)

Die Seiten 11—22 sind ein Sonderdruck aus der „Kolloid-Zeitschrift", Verlag von Theodor Steinkopff, Dresden. XLVI. Band 1928, Heft 1.

Inhalt.

	Seite
Einleitung	4
Die Bedeutung der Dispersoidanalyse für die Bewertung der Zahnpasten	5
Die für die Untersuchung von Zahnreinigungsmitteln geeigneten dispersoidanalytischen Methoden	8
Aufbereitungsmethoden zur Sedimentationsanalyse	11
Methodik der Sedimentationsmessung mittels des Zweischenkelflockungsmessers	23
Ergebnisse der Dispersoidanalyse der Zahnreinigungsmittel:	
A. Filtration	32
B. Sedimentation	33
C. Mikroskopie	37
Zusammenfassung	48
Literaturverzeichnis	49
Lebenslauf	51

Einleitung.

Es ist überflüssig, heutzutage noch über die Wichtigkeit der Zahnpflege als einen Faktor der allgemeinen Gesundheitslehre zu schreiben. Die Erkenntnis, daß eine gründliche mechanische Reinigung der Zähne zur Gesunderhaltung des Gebisses erforderlich ist, beginnt endlich in weite Kreise der Bevölkerung zu dringen. Dementsprechend ist die Nachfrage nach Zahnpflegemitteln und daher die Zahl dieser sehr groß, wobei man natürlich nicht vergessen darf, daß zu ihrer Verbreitung nicht nur die Nachfrage, sondern auch die Propaganda der Fabriken von großer Bedeutung ist.

Zur Zahn- und Mundpflege werden Zahnbürste, Zahnpasten und Zahnpulver, Mundwässer und Seife gebraucht, hin und wieder stößt man auch noch auf den Gebrauch von Tabakasche, der jedoch durchaus zu verwerfen ist, da die Tabakasche sehr scharfe, kratzende Bestandteile enthält, die den Schmelz schädigen (*Walkhoff*[1]). Wie schon gesagt, ist bei der Zahnpflege der Hauptwert auf die mechanische Reinigung des Gebisses zu legen; in dieser Beziehung scheiden Mundwässer und Seife von vornherein aus; erstere tragen zur Zahnreinigung dadurch bei, daß sie eine Adsorptionswirkung entfalten, außerdem ist ihr kosmetischer Wert nicht zu verkennen. Seife schädigt wegen ihres oft hohen Alkaligehaltes bei dauerndem Gebrauch das Zahnfleisch; dies spielt auch bei der Verwendung der Tabakasche eine Rolle.

Auch die Zahnbürste ist in letzter Zeit vielfach angegriffen worden; jedoch müssen selbst ihre Gegner zugeben, daß es bis jetzt etwas Besseres noch nicht gibt, und bis dies der Fall sein wird, stellt zweifellos die Zahnbürste immer noch den wichtigsten Faktor in der heutigen Zahnpflege dar (*Mayer*[2]).

Die Entscheidung, ob man Zahnpulver oder Zahnpasten verwenden soll, ist nicht leicht zu treffen. Meistens enthalten die Zahnpulver gröbere Bestandteile und weniger Kolloide als die Pasten. Das ist erklärlich, da Kolloide im trockenen Zustande meist instabil sind, abgesehen von den reversiblen Kolloiden, die schon ihres Preises wegen für die Herstellung von Zahnpulvern nicht in Frage kommen.

Walkhoff[3] und *Modi*[4] verwerfen die Zahnpasten, weil sie teilweise Stoffe wie Seife, Glycerin, Zucker und Pflanzenschleime enthalten, die nach ihrer Ansicht den Zähnen besser ferngehalten werden.

Wie im folgenden auseinandergesetzt werden soll, sind Teilchengröße und -form bei den Pasten meistens günstiger, so daß als Ergebnis der nachstehend beschriebenen Untersuchungen festzustellen ist, daß Pasten den Vorzug vor Pulvern verdienen. Weiterhin wird gezeigt werden, wie man Unterschiede zwischen den einzelnen Pasten feststellen kann.

I. Die Bedeutung der Dispersoidanalyse für die Bewertung der Zahnpasten.

Zu welchem Zwecke werden Dispersoidanalysen überhaupt angestellt? Man sollte a priori annehmen, daß ein Präparat, also auch eine Zahnpaste oder ein Zahnpulver, hinreichend durch seine chemische Zusammensetzung charakterisiert ist. Die gesetzlich für viele Präparate vorgeschriebene Angabe der Zusammensetzung würde aber nur ermöglichen, Pasten von schädlicher chemischer Zusammensetzung von vornherein auszuschalten. Aber Pasten von einwandfreier chemischer Zusammensetzung können für die Zähne auch noch schädlich sein, wenn sie zu grobe und zu scharfe Teilchen enthalten.

Der Einfluß der chemischen Zusammensetzung ist in vielen Fällen belanglos, z. B. ist es in bezug auf die chemische Wirkung kein Unterschied, ob der Putzkörper aus Calciumcarbonat oder Bimsstein oder Magnesiumverbindungen besteht. Zieht man aber die Härte und das mikroskopische Gefüge der Substanzen in Betracht, so kommt man zu einem ganz anderen Ergebnis. Weiterhin ist aber die Reaktion einer Paste, ob sauer oder alkalisch, nach Ansicht der meisten Autoren von großer Bedeutung. *McGehee*[5] legt zwar der Reaktion überhaupt keine Bedeutung bei. Saure Pasten sollen den Zweck haben, die Alkalibildung im Speichel zu erhöhen, wodurch wiederum die Säurebildung in der Mundhöhle günstig beeinflußt werden soll (diese Gedankengänge führten zur Fabrikation von Pepsodent u. a.). Der Putzkörper solcher sauren Pasten kann natürlich nicht aus Calcium- oder Magnesiumcarbonaten bestehen, da diese die Säure neutralisieren würden, sondern er besteht aus Calciumtriphosphat oder Bolus alba.

Wenn man sich die Frage vorlegt, welche Wirkung man von einer Paste erwartet und verlangt, so darf man zur Beantwortung derselben nicht die Paste als Ganzes betrachten, wie dies bisher immer geschehen ist, sondern man muß sie nach dispersoidologischen Gesichtspunkten zerlegen und sich überlegen, welche Effekte die einzelnen Fraktionen hervorzubringen geeignet sind.

Bei der Einteilung der Fraktionen ist es nach unseren Erfahrungen sehr zweckmäßig, nicht die übliche dispersoidologische Dreiteilung: grobdispers, kolloid, molekulardispers zu verwenden, sondern die grobdispersen Teilchen noch einmal unterzuteilen in gröbste, grobe und feine Teilchen.

Die gröbsten Teilchen schädigen offensichtlich den Schmelz durch Zerkratzen; sie schleifen bei dauernder Anwendung diesen in verhältnismäßig kurzer Zeit ab und rufen die als „keilförmige Defekte" bekannten Schädigungen der Zahnhälse, also der Stellen, wo der Schmelz dünner werdend allmählich ausläuft, hervor (*Greve*[6], *Walkhoff*[7], *Kantorowicz*[8]). Alle genannten Autoren führen die Entstehung dieser Defekte auf ungeeignete Zahnpflegemittel zurück.

Die Wirkung nun, die heute wohl von den meisten Zahnärzten für eine gute Zahnpflege als erstrebenswert angesehen wird, nämlich die mechanische Reinigung des Gebisses, wird im wesentlichen von der nächstfeineren Fraktion, den im folgenden als grob bezeichneten Teilchen hervorgebracht. Diese haben eine durchschnittliche Größe von etwa $15-30\,\mu$.

Viele Autoren verlangen von den Zahnpasten und -pulvern neben ihrer mechanischen Reinigungsarbeit oder auch ausschließlich gewisse andere Eigenschaften; so soll das Dentamo-Zahnpulver nach *Viggo Andresen*[9] gleichzeitig eine „Remineralisation" geschädigten Zahnschmelzes herbeiführen. Wie *Fabian*[10] nachgewiesen hat, ist eine solche Wirkung, die durch Diffusion von Kalkteilchen (z. B. feingemahlener Apatit im Kalk-Eucerin) in den Schmelz hinein stattfinden sollte, ganz ausgeschlossen, da einmal die verwendeten Kalkteilchen viel zu grob (selbst Kolloide diffundieren praktisch noch nicht!) und somit ihre Diffusionsdauer praktisch unendlich, andererseits aber gerade die Anwendungszeit solcher Präparate viel zu gering ist, um auch nur von ferne einen Erfolg zu verbürgen (*Kulka*[11], *Stender*[12], *Kadner*[13], *Babini*[14]).

Werden die Pastenteilchen noch feiner (etwa 3—4 μ), so erhält man das Gegenteil der Putzwirkung, die Teilchen wirken als Schmiermittel: die Zahnbürste gleitet jetzt über die Zahnoberflächen hinweg ohne diese anzugreifen, also auch ohne zu reinigen.

Die nächstfeinere Dispersoidfraktion sind die Kolloide. Die vorliegenden Untersuchungen haben ergeben, daß in allen Zahnpasten und -pulvern (mit ganz verschwindenden Ausnahmen) kolloide Anteile in mehr oder minder großer Menge enthalten sind. Über die Wirkung dieser Teilchen in Zahnputzmitteln ist wohl bisher noch nichts bekannt geworden. Eine mechanische Wirkung entfalten diese Teilchen infolge ihrer ungemeinen Feinheit (0,1 μ—1 $\mu\mu$) nicht mehr, hingegen weisen sie eine sehr bemerkenswerte Eigenschaft auf, die bei grobdispersen Teilchen nur in viel geringerem Maße vorhanden ist: die Adsorption, und diese ist es auch, die den Gehalt der Pasten an Kolloiden (die oft in sehr beträchtlichem Prozentsatz vorhanden sind) rechtfertigt.

Die Adsorption ist für die Reinigung der Zähne und der ganzen Mundhöhle von großer Wichtigkeit, denn die Kolloide adsorbieren außer Geruchs- und Geschmacksstoffen auch die durch die groben Anteile der Zahnpasten von den Zähnen losgelösten Schmutzpartikel und Bakterien (*v. Hahn*[15]). Die Kolloide unterstützen also die groben Teilchen in ihrer Reinigungsarbeit. Die Verhältnisse liegen, um einen etwas ungewöhnlichen Vergleich heranzuziehen, ähnlich wie beim Entstauben von Möbeln und Räumen durch einfaches Klopfen einerseits und Zuhilfenahme des Staubsaugers andererseits. Beim einfachen Ausklopfen der Möbel wird der Staub zwar aus ihnen entfernt, da er aufgewirbelt wird, aber nach einiger Zeit hat er sich wieder gesenkt und der Zustand ist wieder derselbe wie vor dem Klopfen; anders beim Staubsauger: er nimmt, entsprechend den Kolloiden bei der Zahnreinigung, den aufgewirbelten Staub hinweg. Über die Adsorptionskraft der Zahnpasten und -pulver gibt eine gleichzeitig erscheinende Arbeit von *E. Lorenz*[16] aus demselben Institut wie die vorliegende Arbeit nähere Auskunft.

Abgesehen von der Teilchengröße und -härte (*McGehee*[17]) spielt auch die Teilchenform eine bedeutende Rolle. Betrachtet man unter dem Mikroskop ein großes amorphes Korn von Calciumcarbonat neben einem der scharfkantigen Krystalle des Bimssteins, so ist man sich sofort im klaren darüber, daß Krystallgefüge (besonders wenn es sich um Krystallformen handelt, die ihrem krystallographischen System nach schon von vornherein sehr viele scharfe Ecken und Kanten aufweisen) für die Grundsubstanz einer Zahnpaste denkbar ungeeignet ist. Denkt man andererseits an die Blättchenform des feindispersen Graphits, der ja geradezu, und zwar mit bestem Erfolg, in Kombination mit Öl oder Wasser zum Schmieren aufeinandergleitender Flächen benutzt wird (Oildag, Aquadag), so ergibt sich als Folgerung aus diesen Überlegungen: einerseits muß der Putzkörper eines Zahnreinigungsmittels homogen und frei von scharfen Kanten sein, andererseits muß die Blättchenform vermieden werden.

Endlich haben die Pasten (die Pulver wohl weniger) einen molekulardispersen Anteil, der sich aus verschiedenen Chloriden, Chloraten, Sulfaten, Perboraten, Wasserstoffsuperoxyd, Pancreatin, evtl. auch speziellen Desinfizientien, Alkohol, Seife, ätherischen Ölen, Glycerin u. a. zusammensetzt. Diese Zusätze haben verschiedene Zwecke, z. B. Zerstörung bzw. Verhütung des Zahnsteins, Bleichung der Zähne, Desinfektion der Mundhöhle (*McGehee*[18], *Montefusco*[19]), endlich auch Verbesserung des Pastengeschmackes und Erzielung der Pastenkonsistenz.

Von den Zahnreinigungsmitteln, die den Zweck haben, die Zahnsteinbildung zu verhüten bzw. rückgängig zu machen, sind besonders Solvolith und Emsolith zu erwähnen, die zu diesem Zwecke Sulfate und Chloride in Form des Karlsbader bzw. Emser Salzes enthalten. Über den Wert dieser Pasten in dieser Hinsicht gehen die Urteile der Fachwelt sehr auseinander (*Heymann* und *Rosenthal*[20], *Pranschke*[21], *Heymann*[22], *Bloch-Freudenheim*[23], *Marks*[24]). Ich persönlich habe nur in einem von vielen Fällen einen Erfolg des Solvoliths beobachten können. Zu dem gleichen Zwecke wird auch ein Pancreatinzusatz zur Paste empfohlen (Zahnoldym).

Eine Bleichung der Zähne durch Wasserstoffsuperoxydzusatz ist wohl nur bei langem Gebrauch der Paste zu erwarten, da die zur Verwendung gelangenden Mengen des Wasserstoffsuperoxyds sehr gering und ihre Einwirkungsdauer zu kurz ist. Zum gleichen Zweck werden den Pasten auch Perborate und Peroxyde zugesetzt, da die Haltbarkeit des freien Wasserstoffsuperoxyds in den Pasten beschränkt ist; durch Zusatz von Traganth und ähnlichen Pflanzenschleimen läßt sich seine Haltbarkeit erhöhen.

Wasserstoffsuperoxyd hat ferner noch den Zweck, zur Desinfektion der Mundhöhle beizutragen. Auf diese legt heute noch ein großer Teil der Verbraucherkreise und auch ein Teil der zahnärztlichen Autoren Wert. Jedoch ist eine Desinfektion der Mundhöhle, um es gleich vorwegzunehmen, praktisch unmöglich! (*Schwarz*[25]). Sie ist auch nicht Zweck der Zahnpflege, wozu soll man die Mundhöhle mühselig desinfizieren, da sie ja doch schon, und zwar physiologisch in kurzer Zeit wieder von Bakterien wimmelt! Eine Desinfektion der Mundhöhle kommt wohl nur bei ansteckenden Krankheiten (Diphtherie) in Frage. An Desinfizientien findet man in den Pasten als oxydative: Kaliumchlorat, Wasserstoffsuperoxyd; ferner spezielle Desinfektionsmittel, Alkohol, Seife und ätherische Öle. Vom Wasserstoffsuperoxyd gilt das oben bei der Bleichung der Zähne Gesagte. Sehr umstritten ist der Zusatz von Kaliumchlorat zu den Pasten. Ein Teil der Autoren (*Kobert*[26] u. a.) warnt vor dem Kaliumchlorat als einem starken Blutgift (Methämoglobinbildung); die meisten Autoren jedoch vertreten die Unschädlichkeit desselben, wenigstens in den jetzt angewendeten Mengen von 10 bis 30%. Anders liegen die Dinge bei höheren Konzentrationen, wie sie z. B. im alten Pebeco (50% $KClO_3$) vorlagen; die Berechtigung dieses hohen Zusatzes ergab sich daraus, daß *P. G. Unna*[27] diese Paste zur Lokalbehandlung von Hg-Stomatitiden nach antiluetischen Behandlungen angewendet wissen wollte. Ferner schreibt man dem $KClO_3$ eine große Wirksamkeit bei entzündlichen Prozessen der Mundhöhle und des Rachens zu (*Buri*[28], *Bachem*[29], *Lucke*[30], *Polland*[31], *Unna*[32]). Seife und Alkohol kommen ebenfalls desinfizierende Eigenschaften zu, ferner hat der Alkohol auch eine günstige Wirkung auf das Zahnfleisch: hierauf beruht die Anwendung des Franzbranntweins (*Walkhoff*[33]). Die desinfizierende Wirkung der ätherischen Öle ist an sich schon so schwach, daß sie hier nicht diskutiert zu werden braucht.

Der Hauptzweck der ätherischen Öle ist in ihrer Verwendung als Geschmackskorrigentien zu erblicken (meistens Ol. menth. pip.).

Glycerin wird den Pasten in allererster Linie zur Verleihung der richtigen Konsistenz beigegeben. Nach *v. Hahn*[34] wirkt es gleichzeitig als Schutzkolloid gegenüber den feinen Teilchen; die gleiche Eigenschaft kommt auch der Seife zu.

II. Die für die Untersuchung von Zahnreinigungsmitteln geeigneten dispersoidanalytischen Methoden.

Zur Analyse disperser Systeme stehen eine ganze Reihe von Verfahren zur Verfügung, z. B. die optischen Methoden, die Filtration, Diffusion, Sedimentation, sowie verschiedene spezielle Arbeitsverfahren.

Von den *optischen Methoden* kommen für die vorliegenden Untersuchungen das Vergleichsverfahren, die Greensche Methode, die mikroskopische Ausmessung der Teilchen und die Interferenzmikroskopie in Frage.

Das *Vergleichsverfahren* beruht darauf, daß man die zu messenden Partikel mit Teilchen von bekannter Größe vergleicht. Als Vergleichsobjekte verwendet man meistens rote Blutkörperchen (durchschnittlich 7,8 μ Durchmesser) oder Bakterien (z. B. Bacillus anthrax von durchschnittlich 6 μ Länge). Die Verwendung von Bakterienpräparaten hat den Vorteil, daß man gleich zwei Maßstäbe (Länge und Breite der Bakterien) zur Verfügung hat. Dieses Verfahren, das an und für sich für Teilchen in der angegebenen Größenordnung sehr geeignet ist, brauchte hier nicht angewendet zu werden, da bei den vorliegenden Untersuchungen noch die weiter unten beschriebene Methode der Ausmessung mittels Okularmikrometers ausreichend war.

Das *Greensche Verfahren* wird in der Weise durchgeführt, daß man von dem Präparat eine Mikrophotographie (nötigenfalls mit ultraviolettem Licht) herstellt, das Negativ auf eine Leinwand projiziert und nun auf dieser die stark (bis zu 25000fach linear) vergrößerten Teilchen ausmißt. Wegen der diesem Verfahren anhaftenden Fehler wurde auf eine Anwendung desselben auf die vorliegenden Untersuchungen verzichtet. *Hebler*[35] diskutiert die Fehler dieser Methode und der Mikroskopie überhaupt in folgenden Sätzen: „Der unüberwindliche Nachteil dieser und vieler anderer optischer Methoden ist vor allem durch die Verwendung äußerst kleiner Substanzmengen (einige Milligramm!) gegeben, die speziell bei der Beurteilung technischer Produkte, z. B. von Farbstoffen, kaum als Durchschnittsmuster angesprochen werden können. Zur Sicherung der Resultate ist demnach die Auszählung mehrerer Präparate unerläßlich. Weiterhin ist bei der Schätzung des gewichtsmäßigen Anteils der einzelnen Fraktionen eines heterodispersen Systems zu beachten, daß 1 würfelförmig gedachtes Teilchen von der Kantenlänge 1 bei der Zerkleinerung 1000 Teilchen von der Kantenlänge 0,1 liefert!"

Die *mikroskopische Ausmessung* der Teilchen geschieht mittels eines Okularmikrometers, das man für jede verwendete Optik ein für allemal mittels eines

Objektmikrometers eicht. Bei den zu beschreibenden Beobachtungen entsprach bei Verwendung des Objektives 3 (C. Reichert, Wien) ein Teilstrich des Okularmikrometers 18,5 μ, bei Verwendung des Objektivs 8a 2,6 μ. Die Mikroskopie ist anwendbar für Teilchen zwischen etwa 0,5 mm oberer und etwa 0,2 μ unterer Größe (je nach Beleuchtung und Lichtart). Diese untere Grenze ergibt sich aus der Theorie der mikroskopischen Abbildung. *Abbé*[36] zeigte, daß man Teilchen nur dann mikroskopisch abbilden kann, wenn sie nicht kleiner sind als die halbe Wellenlänge des Lichtes, mit dem sie beleuchtet werden.

Eine der Hauptfehlerquellen der Mikroskopie ist in den Schwierigkeiten der Probeentnahme zu suchen. Während bei isodispersen Systemen dieselbe sich einfach gestaltet, ist sie um so schwieriger bei polydispersen Systemen, da diese sich sehr leicht entmischen, ganz besonders schnell aber bei Erschütterungen (z. B. Transport, Aufbewahrung in Räumen, die häufig betreten werden; *Windisch*[37], *Portele*[38]).

Eine weitere Fehlerquelle ist die bereits oben erwähnte Tatsache, daß man zu wenig Teilchen im Gesichtsfeld hat, um bindende Vergleiche anstellen zu können.

Die *Interferenzmikroskopie* (*Siedentopf*[39], *Gerhardt*[40], *v. Baeyer*[41]) hat vor der üblichen Mikroskopie den Vorteil, daß bei ihr die Auflösungsfähigkeit des Mikroskops auf das Doppelte gesteigert ist. Es würde zu weit führen, an dieser Stelle die Grundlagen der Interferenzmikroskopie (*Michelson*[42]) zu erörtern, es soll diesbezüglich auf die Ausführungen *F.-V. v. Hahns*[43] verwiesen werden. Messungen mit dieser Methode, die an und für sich für die feinsten Fraktionen der Pasten sehr geeignet wäre, konnten wegen Fehlens der kostspieligen Apparatur leider nicht ausgeführt werden.

Die *Diffusion* als dispersoidanalytische Methode kommt nur für die Messung von Systemen in Frage, die an der Grenze kolloid-molekulardispers liegen, scheidet also für die vorliegenden Messungen praktisch aus.

Die *dispersoidanalytische Filtrationsmethode* beruht auf der Anwendung von Filtern verschiedener Porenweite. Läuft die Aufschlämmung eines Stoffes durch das eine oder andere Filter mehr oder weniger klar hindurch, so läßt die quantitative Beurteilung des Vorganges einen vorsichtigen Schluß auf die Teilchengröße zu.

Als Filter von großer Porenweite kann man auch die Siebe auffassen, deren feinste, aus Seidengaze (*Landwehr*[44]) bzw. Phosphorbronze hergestellte noch Pulver von ca. 60 μ abzusieben gestatten (*v. Hahn*[45]). Die eigentlichen Filter bestehen meistens aus Papier, ferner auch aus Glas (Schott & Gen., Jena) und Porzellan (Filterkerzen, Berkefeldfilter); *Hüttig*[46], *Praußnitz*[47], *Wo. Ostwald*[48], *Handovsky*[49], *Ruoss*[50], *Hebler*[51]). Papierfilter werden z. B. von Schleicher & Schüll, Düren/Rhld.) in den verschiedensten Abstufungen hergestellt, deren feinste, 602 extra hart, etwa 1,5 μ Porenweite hat (*Lukas*[52], *Sahlbom*[53]).

Ferner läßt sich die Teilchengröße nach der *Autofiltrationsmethode* (bei der üblichen dispersoidanalytischen Filtration ist die Autofiltration nach Möglichkeit zu vermeiden!) von *Wo. Ostwald*[54], allerdings nur relativ, bestimmen. Bei dieser Methode wird durch einen konstanten Unterdruck die Flüssigkeit durch die schnell absinkenden Anteile der Suspension filtriert. Das in der Zeiteinheit durchgelaufene Flüssigkeitsvolumen ist ein Maß für die Teilchengröße.

Die *Sedimentation* beruht auf der Tatsache, daß gröbere Teilchen in Flüssigkeiten und Gasen (Rauch, Staub; *Udden*[55], *Hebler*[56]) schneller absinken als feine Teilchen. Die einfache Sedimentationsanalyse in hohen Schlämmzylindern liefert keine sehr genauen Resultate; jedoch liefert sie Fraktionswerte, wenn mehrere in sich isodisperse Phasen vorhanden sind, sonst nur einen Durchschnittswert durch alle vorhandenen Teilchen.

Wesentlich bessere Resultate liefert der Zweischenkelflockungsmesser nach *Wo. Ostwald* und *v. Hahn*[57]. Demselben liegt die zuerst von *Wiegner*[58] dispersoidanalytisch verwendete Tatsache zugrunde, daß in kommunizierenden Röhren, deren eine (Vergleichsrohr) mit dem reinen Dispersionsmittel und deren andere (Solrohr) mit der zu untersuchenden Aufschlämmung gefüllt ist, sich eine Niveaudifferenz ausbildet, da die Suspension spezifisch schwerer ist als das reine Dispersionsmittel; durch das Absinken der Teilchen im Solrohr wird die Suspension allmählich leichter (je gröber die Teilchen, um so schneller) und die Höhendifferenz gleicht sich dementsprechend aus. Weiteres über die Sedimentationsmessung, ihre graphische Darstellung, speziell auch über die Fehler der Methode siehe im 4. Kapitel.

Es hat sich bei den vorliegenden Untersuchungen herausgestellt, daß bei der Sedimentationsanalyse der Vorbereitung des Materials erhöhte Aufmerksamkeit zuzuwenden ist. Es sind deswegen Untersuchungen über die Vorbereitungsmethoden angestellt worden, deren Ergebnisse im 3. Kapitel niedergelegt sind.

Von den *speziellen Methoden* ist die *Adsorptionsmessung* (*Freundlich* und *Schucht*[59], *Mecklenburg*[60], *Wo. Ostwald*[61, 62], *Spring*[63], *Paneth* und *Thiemann*[64], *König*[65], *Gorsky*[66], *Ashley*[67], *Rohland*[68], *Pelet-Jolivet*[69] u. a.) zur Bestimmung des kolloiden Anteiles zu erwähnen; da hierüber in einer gleichzeitig erscheinenden Arbeit von *E. Lorenz*[70] berichtet wird, braucht hier nicht näher darauf eingegangen zu werden.

Auf disperse Systeme, die einen z. B. in Säuren leicht löslichen Anteil enthalten, läßt sich auch die *Messung der Lösungsgeschwindigkeit* (*Wi. Ostwald*[71], *Boguski*[72], *Centnerszwer* und *Sachs*[73], *Tammann*[74], *Schaaf*[75] u. a.) anwenden. Sie beruht auf der Tatsache, daß Teilchen um so schneller in Lösung gehen, je kleiner sie sind. Diese Methode ist aber natürlich zu vergleichenden Messungen nur dann anwendbar, wenn es sich um chemisch identische Systeme handelt, was hier nicht der Fall ist.

Oberflächenaktivitätsbestimmungen, die sich ebenfalls zu Teilchengrößenbestimmungen verwenden lassen (*Wo. Ostwald*[76], *Milner*[77], *McLewis*[78], *Walker*[79], *McBain*[80], *Traube*[81], *Brinkman* und *van Dam*[82], *Lenard*[83] u. v. a.), waren bei den Zahnpasten nicht anwendbar, da diese viel molekulardisperse oberflächenaktive Stoffe enthalten, die die Messung der Oberflächenaktivität der gröberen Teilchen vereiteln (siehe die diesbezüglichen Messungen im 3. Kapitel).

III. Aufbereitungsmethoden zur Sedimentationsanalyse.

I. Einleitung.

Vor sechs Jahren haben F.-V. v. Hahn und D. v. Hahn über die technische Sedimentationsanalyse von Ruß[1]) und Graphit[2]) berichtet. In diesen Arbeiten wurde bereits gezeigt, daß es bei manchen Materialien erforderlich ist, das zu untersuchende Material auf die Sedimentationsanalyse vorzubereiten, da sich gewisse Pulver in Wasser, dem üblichen Dispersionsmittel, nicht spontan in Primärteilchen dispergieren. Bei Ruß wurde deshalb 49 prozentiger Alkohol, bei Graphit Aether als Dispersionsmittel verwendet. Gelegentlich dispersoidanalytischer Untersuchungen von Zahnpasten ergab sich die Notwendigkeit, der Vorbereitung des Materials erhöhte Aufmerksamkeit zuzuwenden.

Die Zahnpasten stellen komplizierte Gemische der verschiedensten chemischen Substanzen dar, die wiederum in sämtlichen Dispersitätsgraden vorkommen. Die folgende Zusammenstellung, der z. T. die Ergebnisse der angeführten zahnärztlichen Arbeit zugrunde gelegt sind, möge dies erläutern:

Grobdispers: Putzkörper ($CaCO_3$, $MgCO_3$, Bolus, Kalziumphosphate, Lapis pumicis).
Uebergangssystem: Putzkörper.
Kolloid: Putzkörper: Seife, Tragant, Pflanzenschleime.
Uebergangssystem: Seife, Stärke.
Molekulardispers: Alkohol, Glyzerin, Seife, Farbstoffe, Salze.

Da man bekanntlich Erfahrungen, die man an komplizierten Systemen gemacht hat, meist mit noch größerem Erfolg auf einfache anwenden kann, seien im folgenden die Ergebnisse unserer Untersuchungen in extenso wiedergegeben.

II. Literatur über Vorbehandlungsmethoden.

Sedimentationsanalysen sind bis vor kurzem hauptsächlich bei bodenkundlichen Untersuchungen ausgeführt worden; deshalb finden sich Angaben über die Vorbereitung des Materials vorwiegend in der pedologischen Literatur. Die dort angegebenen Methoden sind leider größtenteils kolloidchemisch nicht einwandfrei. In Frage kommt: Kochen, Glühen, Trocknen, Verreiben, Schütteln, Sieben; Behandeln mit Bromlauge, Ammoniak, Seife, Alkali, Saponin. Zu der Mehrzahl dieser Manipulationen konnten wir uns nicht entschließen, da durch sie der Dispersitätsgrad ganz augenscheinlich verändert wird.

---

[1]) F.-V. v. Hahn u. D. v. Hahn, Koll.-Zeitschr. **31**, 96 (1922).
[2]) F.-V. v. Hahn u. D. v. Hahn, Koll.-Zeitschr. **31**, 352 (1922).

Das Kochen des Materials wurde von Richter[3]) und einigen Anderen vorgeschlagen. Durch diese Maßnahme wird 1. die Koagulation der kolloiden Anteile, 2. eine vermehrte molekulardisperse Auflösung erreicht, der natürlich die feinsten Teilchen zuerst zum Opfer fallen [siehe von neueren Autoren Glowczynsky[4]), Jones und Partington[5]), Dundon[6]), Dundon und Mack[7]) u. v. a.]. Bei elektrolytfreien Bodenproben sollen nach Gallay[8]) die Veränderungen des Dispersitätsgrades allerdings nicht erheblich sein.

Glühen kommt selbstverständlich nur für feuerfeste Systeme in Frage; nicht nur die Temperaturerhöhung, sondern auch die chemische Einwirkung der Flammengase können Veränderungen des Dispersitätsgrades bewirken.

Auch das Trocknen wird von Richter (loc. cit.) als vorbereitende Maßnahme empfohlen; es muß zugegeben werden, daß man durch scharfes Trocknen eine bessere Aufschlämmbarkeit in einzelnen Fällen erzielen kann. Bei Hitzetrocknung (Richter empfiehlt drei Stunden bei $100°$ C zu trocknen) kommt als Fehlerquelle hauptsächlich die Koagulation der Kolloide in Frage. Bei Exsikkator-Trocknung ist hingegen damit zu rechnen, daß hydratisierte Systeme entquellen und bei nachträglicher Wiederbenetzung (durch das Dispersionsmittel) nicht wieder zu derselben Teilchengröße aufquellen; denn wie van Bemmelen[9]) u. v. a. zeigten, ist die Dehydratation nicht vollständig reversibel. Einen Vergleich zwischen Hitzetrocknung und Exsikkatortrocknung stellten Rodewald und Mitscherlich[10]) an; auf diese Arbeit soll hier nur verwiesen werden. — Bei unseren Präparaten war ein Trocknen, des Glyzeringehaltes wegen, von vornherein ausgeschlossen.

Von mechanischen Vorbehandlungsmethoden ist zunächst das Verreiben zu erwähnen. Eine primitive Methode ist die von Hissink[11]) angegebene Modifikation der Methode von Atterberg[12]) und Beam[13]): Das Material wird in einer Reibschale mit dem Finger, der hinterher sorgfältig abgespült wird, unter Wasser angerieben; ist dieses getrübt, wird es mit den feinsten suspendierten Teilchen in eine Vorratsflasche gegossen und der Rückstand mit einer neuen Wassermenge in gleicher Weise behandelt; dies wiederholt man so lange, bis die gesamte disperse Phase in die Vorratsflasche überführt ist, mischt deren Inhalt durch und stellt an dieser Aufschlämmung die Dispersoidanalyse an. Statt des Fingers benutzt Pratolongo[14]) einen steifen Pinsel, Geßner[15]) einen mit Gummi überzogenen Glasstab.

Das Schütteln läßt sich von Hand oder mittels einer Schüttelmaschine bewerkstelligen. Nach Hissink[16]) genügen sechs Stunden maschinellen Schüttelns nach zwölfstündigem Einweichen des Materials. Welchen Einfluß über-

---

[3]) G. Richter, Intern. Mitt. f. Bodenk. **6**, 195 (1916).
[4]) Z. Glowczynsky, Kolloidchem. Beih. **6**, 147 (1914).
[5]) M. Jones u. I. R. Partington, Journ. Chem. Soc. London **107**, 1019 (1915).
[6]) M. L. Dundon, Journ. Amer. Chem. Soc. **45**, 2658 (1923).
[7]) M. L. Dundon u. E. Mack, Journ. Amer. Chem. Soc. **45**, 2479 (1923).
[8]) R. Gallay, Diss. (Zürich 1924).
[9]) J. M. van Bemmelen, Die Adsorption (Dresden 1910).
[10]) H. Rodewald u. A. Mitscherlich, Landw. Vers.-Stat. **59**, 440 (1903).
[11]) D. J. Hissink, Intern. Mitt. f. Bodenk. **4**, 10 (1914).
[12]) A. Atterberg, Intern. Mitt. f. Bodenk. **2**, 315 (1912).
[13]) Beam, Fourth. Rep. of the Wellcome Tropical Research Lab. Khartum, Sudan 1911, 37.
[14]) N. Pratolongo, Bull. Geol. Inst. Upsala **16**, 125.
[15]) H. Geßner, Koll.-Zeitschr. **38**, 121 (1926).
[16]) D. J. Hissink, Intern. Mitt. f. Bodenk. **4**, 10 (1914).

mäßiges Schütteln auf den Dispersitätsgrad haben kann, zeigte u. a. Windisch[17]), indem er Schwefelpulver im Chancel-Sulfurimeter[18]) 25 mal schüttelte (jedesmal 100 Schläge von Hand) und dabei eine erhebliche Abnahme der Teilchengröße feststellte; das Sedimentvolumen[19]) fiel von 68 auf 58,5!

Eine ungenügende Vorbereitung ist das Schlämmen des Materials durch Siebe [Atterberg[20]) u. a.]; offensichtlich wird hierdurch nur das Fernhalten der gröbsten Teile bewirkt.

Als erste chemische Vorbehandlungsart sei die Bromlaugenmethode von Atterberg[21]) erwähnt.

Hat man Bodenproben zu untersuchen, bei denen die Primärteilchen durch Humusstoffe zusammengehalten werden, so kann man eine Dispergierung durch Zerstören dieser Substanzen erreichen. Dies wird durch mehrstündiges Behandeln mit Bromlauge bewirkt. (72 g NaOH in 500 ccm H_2O lösen, unter starkem Kühlen 8 ccm Brom eintragen.) Hat man gegen Alkalien empfindliche Stoffe zu untersuchen, so gelingt die Zerstörung der organischen Substanz auch durch Erwärmen mit Salpetersäure (D = 1,4) im siedenden Wasserbad. [Atterberg[22]).]

Alkalisierung des Mediums ist von verschiedenen Seiten zur Vorbereitung des Materials vorgeschlagen worden; mit Ammoniak arbeiteten u. a. Gore[23]), Bauer[24]), Piepenbrock[25]); andere Alkalien verwandte z. B. Hilgard[26]). Eine Fehlerquelle dieser Zusätze ist ihre stark peptisierende Wirkung[27]); die dieser Vorbehandlung folgende Sedimentationsanalyse würde also unter Umständen einen zu hohen Dispersitätsgrad ergeben.

Säurebehandlung wurde von Barnette[28]) zur Dispergierung empfohlen; hierbei ist die Möglichkeit einer Auflösung eines Teiles der dispersen Phase in Betracht zu ziehen.

Oberflächenaktive Substanzen, wie Seife [v. Hahn[29])], Saponin, Alkohole, Nonylsäure u. a. haben den großen Vorzug, schlecht benetzbare Substanzen leicht in Aufschlämmung zu bringen; allerdings können auch diese Substanzen das Material evtl. peptisieren.

Die angeführten Methoden zeigen also zwei Fehlerquellen: ungenügende oder zu weit gehende Dispergierung. Aus diesem Grunde ist die Forderung Hebler's[30]) nach einer mikroskopischen Kontrolle des Aufteilungsgrades sehr berechtigt. Allerdings gibt die mikroskopische Betrachtung wohl kaum eine ausreichende Auskunft über eine evtl. Schädigung der Primärteilchen.

---

[17]) R. Windisch, Landw. Jahrb. **30**, 473 (1901).

[18]) Lit. über Chancel-Sulfurimeter z. B. bei Ottavi, Weinlaube **11**, 152 (1879); G. Portele, ibid. **42**, 373 (1892); A. Loos, Weinbau und Weinhandel **17**, 131 (1899); R. Windisch, loc. cit.

[19]) Ueber die Abhängigkeit des Sedimentvolumens vom Dispersitätsgrad, siehe F.-V. v. Hahn, Dispersoidanalyse (Dresden 1928), 420.

[20]) A. Atterberg, Landw. Vers.-Stat. **69**, 114 (1908); Intern. Mitt. f. Bodenk. **2**, Heft 4 (1912).

[21]) A. Atterberg, Intern. Mitt. f. Bodenk. **2**, 315 (1912).

[22]) A. Atterberg, loc. cit. Nr. 21.

[23]) G. Gore, Philos. Mag. [5] **37**, 317 (1894).

[24]) E. P. Bauer, Ber. d. Deutsch. keram. Ges. **5**, Heft 4 (1924).

[25]) A. Piepenbrock, Ber. d. Deutsch. keram. Ges. **5**, 35 (1925).

[26]) E. Hilgard, Forschungen auf dem Gebiet der Agrikulturphysik **2**, 455 (1879).

[27]) Siehe z. B. Wo. Ostwald, Kleines Praktikum der Kolloidchemie, 6. Aufl. (Dresden 1924), 20.

[28]) R. Barnette, zitiert nach H. Geßner, Koll.-Zeitschr. **38**, 121 (1926).

[29]) F.-V. v. Hahn u. D. v. Hahn, Koll.-Zeitschr. **31**, 96 (1922).

[30]) F. Hebler, Koll.-Zeitschr. **36**, 46 (1928).

III. Eigene Versuche über Vorbehandlungsmethoden.

Aus den angeführten Gründen entschlossen wir uns zum Zweck der Aufbereitung der Zahnpasten zu einer möglichst indifferenten Methode. Als solche konnte nur die chemische Dispergierung in Frage kommen. Unsere dahingehenden Versuche gliedern sich in solche mit oberflächeninaktiven und oberflächenaktiven Substanzen.

Zunächst ist darzulegen, wie sich die Zahnpasten beim Aufschlämmen in destilliertem Wasser verhalten; die 18 von uns untersuchten Pasten kann man in zwei Gruppen teilen:

1. solche, die sich in Wasser glatt aufteilen lassen: Albin, Biox, Biox ultra, Bombastus[31]), Kaliklor, Kalodont, Kolynos, Mouson, Odol, Pebeco.

2. solche, die in Wasser flocken: Albol, Chlorodont, Eudol, Kaliklora[32]) Kosmodont, Po-Ho, Solvolith, 4711.

Maßnahmen zur Dispergierung sind also nur bei der zweiten Gruppe notwendig; bei Vergleichsmessungen wird man selbstverständlich sämtliche Zahnpasten gleichmäßig vorbehandeln.

Vorbehandlung mit Bromlauge ist wegen der Möglichkeit einer chemischen Einwirkung nicht zulässig.

Mit Ammoniak und anderen Alkalien angestellte Versuche führten nicht oder nur in ungenügendem Maße zum Ziel. Z. B. war bei Kosmodont eine deutliche Verkleinerung der Sekundärteilchen bemerkbar. Die Aufteilung nahm mit steigender Ammoniakkonzentration zu, führte aber selbst bei zehnprozentigem Ammoniak nicht vollständig zu Primärteilchen.

Da die Putzkörper der Pasten zum überwiegenden Teil aus Kalzium- und Magnesiumkarbonat bestehen, verbot sich eine Dispergierung mit Säure von selbst.

Bei unserer Nachforschung, welche Eigenschaften der Pasten ihre Zugehörigkeit zu Gruppe 1 oder 2 bedingen, zeigte es sich, daß wahrscheinlich u. a. die Oberflächenaktivität der filtrierten Aufschlämmungen maßgebend ist. Zu dieser Untersuchung wurden von den Pasten unter gleichen Bedingungen fünfprozentige Aufschlämmungen hergestellt; diese wurden eine Stunde lang im Wasserbad auf 80° gehalten und hierauf durch Filter 602 h (Schleicher und Schüll) filtriert. Die Filtrate wurden mittels einer Tropfröhre nach Traube[33])-Wo. Ostwald[34]) stalagmometriert. Die Ergebnisse dieser Untersuchung gehen aus Tab. I hervor.

In der zweiten Spalte sind Tropfenzahlen angegeben; diese beziehen sich auf ein Stalagmometer mit 54,5 Tropfen Wasserwert; in der dritten Spalte sind die Graham-Werte berechnet, wobei nach v. Hahn[35]) 1 Graham (Gh) definiert wird als die Oberflächenaktivität, die die Oberflächenspannung des Wassers um ein Prozent erniedrigt. (Also $1 \text{ Gh} = \left(\frac{J_x}{J_w} - 1\right) \cdot 100$ [J_x = Meßwert; J_w = Wasserwert].)

---

[31]) Neuere, Februar 1928, im Handel befindliche Präparate zeigen abweichendes Verhalten.

[32]) Neuere, Februar 1928, im Handel befindliche Präparate zeigen abweichendes Verhalten.

[33]) J. Traube, Ber. d. Deutsch. chem. Ges. **20**, 2644 (1887).

[34]) Wo. Ostwald, Kleines Praktikum der Kolloidchemie, 1. Aufl. (Dresden 1920), 30.

[35]) F.-V. v. Hahn, Pflüger's Arch. **208**, 746 (1925).

— 15 —

Tabelle I.
Oberflächenspannung der fünfprozentigen Aufschlämmungen der Zahnpasten.

Präparate	Alte Werte		Neue Werte		Verhalten gegen dest. Wasser	Seifenzahlen Proz.
	Tropfen	Graham	Tropfen	Graham		
Biox-Ultra	132¼	141,8	137,7	153,5	flockt nicht	29,7
Kolynos	131½	141,3	150,6	178,9	„	23,0
Bombastus	126	131,2	127,6	136,3	„	—
Kalodont	124	127,5	118,9	120,2	„	—
Biox	77½	42,2	65,4	21,1	„	—
Po-Ho	73¾	35,3	67,0	24,1	flockt	—
Mouson	73	33,9	60,8	12,6	flockt nicht	1,21
Kaliklor-Valli	72	32,1	65,6	21,4	„	—
Albin	71½	31,2	61,6	14,1	„	—
Odol	70½	29,4	64,6	19,6	„	0,9
Albol-Erba	70½	29,4	70,9	31,3	flockt	—
Kosmodont	69¾	28,0	69,5	28,7	flockt nicht	—
Pebeco	68½	25,7	65,7	21,7	flockt	—
Kaliklora	67½	23,9	—	—	„	—
Eudol	66¾	22,5	65,9	22,0	„	—
Chlorodont	65½	20,2	58,6	8,5	„	0,95
4711	64½	18,3	57,6	6,7	„	—
Solvolith	64	17,4	58,5	8,3	„	1,34

Ehe die Arbeit beendet war, fand Dr. H. Junker im Institut der Verfasser durch methodische Untersuchungen gewisse Fehlerquellen, die der Oberflächenaktivitätsbestimmung mit der Tropfröhre anhaften. Unter Berücksichtigung der neuen Arbeitsweise erhält man erheblich abweichende Werte; diese sind in Spalte 4 und 5 wiedergegeben. Trotz dieser Abweichungen hat sich die von uns auf Grund der alten Oberflächenspannungsmessung gewählte Arbeitsmethode als fruchtbar erwiesen.

In der Spalte 6 ist das Verhalten der Zahnpasten gegen destilliertes Wasser angegeben. Man sieht also, daß alle Pasten, deren Filtrat eine Oberflächenaktivität über 30 Gh (alte Methode) zeigt, sich in Wasser glatt zerteilen, solche mit einer Oberflächenaktivität unter 30 Gh flocken.

Aus diesen stalagmometrischen Untersuchungen folgerten wir, daß die oberflächenaktiven Zusätze dispergieren. Diese Annahme wurde im wesentlichen durch das Experiment bestätigt.

Selbstverständlich spielt neben der physikalischen auch die chemische Beschaffenheit der dispergierenden Substanzen und natürlich auch der Pasten eine große Rolle; z. B. bewirkt offensichtlich der hohe Salzgehalt des Solvolith das eigenartige Verhalten dieser Paste; hierfür spricht auch die besonders starke Flockenbildung der $KClO_3$-haltigen Pasten in Alkohol.

Im übrigen ist das Verhalten aus der Tab. II zu ersehen. Untersucht wurden folgende Substanzen: Desoxycholsäure, Nonylsäure, Tannin, Aethylalkohol, Hühnereiweiß, Gelatine, Gummiarabikum, Octylalkohol, Natriumoleat, Saponin, Kernseife.

Einige der Substanzen sind ausgesprochene Schutzkolloide. Diese Eigenschaft, die durch die angegebenen Rubinzahlen nach Wo. Ostwald charakterisiert ist, hat keinen Einfluß auf die Dispergierung.

Die Tab. II gliedert sich in zwei Teile; bei jeder dispergierenden Substanz ist erstens angegeben, wie das makroskopische Aussehen der Paste in ihrer Aufschlämmung ist; hierbei bedeutet § die Sichtbarkeit von Flocken, ∫ die makroskopische Homogenität. Zweitens ist das Aussehen der Filtrate der Aufschlämmungen angegeben. Es wurde durch 602 h (Schleicher und Schüll) filtriert.

Hierbei bedeutet:

+++++ sehr stark getrübt
++++ stark getrübt
+++ mäßig getrübt
++ schwach getrübt
+ sehr schwach getrübt
+− fast klar
− klar.

Nach Wo. Ostwald[36]) kann man den Seifengehalt von Kriegsseifen dadurch ermitteln, daß man die Oberflächenspannung einer Aufschlämmung derselben mit einer stalagmometrischen Kurve vergleicht, die die Oberflächenaktivitäten von Lösungen einer wirklichen Seife in Abhängigkeit von der Konzentration zeigt.

Dieses Verfahren haben wir auf Zahnpasten übertragen; wir sind uns darüber klar, daß dies nur cum grano salis möglich ist, da (ähnlich wie bei den Kriegsseifen, deren Tongehalt die OH beeinflussen kann) in den Zahnpasten auch andere oberflächenaktive Substanzen außer der Seife enthalten sein können

---

[36]) Wo. Ostwald, Kleines Praktikum der Kolloidchemie, 1. Aufl. (Dresden 1920)

Tabelle II. Das Verhalten von Zahnpasten gegenüber dispergierenden Substanzen.

Präparat Konzentration	aq. dest. —	ac. desoxy-cholic. sol. sat.	ac. nony lic. sol. sat.	ac. tannic. 3 Proz.	Alkohol 96 Proz.	Eiweiß 3 Proz.	Gelatine ½ Proz.	Gummi-arabikum 1 Proz.	Alcoh. octylic. sol. sat.	Natr. oleinic. 1 Proz.	Saponin 2½ Proz.	Kernseife ½ Proz.
Oberflächenaktivität in Gh	—	0	111	5	164	0	11	1	122	136	16,5	132
Rubinzahlen	—	—	—	—	—	0,88	>0,5	>5	—	>1	0,4	>0,5
Albin	∫++++	∫+−		§§+++++	§§−	∫+−	∫+++	∫+	∫+++	∫++	§§+++	∫++++
Albol-Erba	§§−			§§+++	§§++	§§−	∫+++	∫++++	∫+++	∫++++	?+	∫++++
Biox	∫+			∫++	§§−	∫++	∫+++	∫++++	∫++++	∫++	?+++	∫++
Biox-Ultra	∫+++		∫+++++	∫+++	§§−	∫+++	∫+++	∫++++	∫+++	∫++	?++	
Bombastus	§§+++++		§§−	§§+++++	§§−	∫+++++	∫+++++	∫+++++	∫+++++	∫+++++	?++	
Chlorodont	§§−			§§−	§§−	§§−	§§+	§§+−	§§−		?+	
Eudol	§§−	−		?	§§−	§§−	§§+	§§+−	§§−		?++	
Kaliklor-Valli	∫+		∫+	§§+++	§§−	∫+++++	∫+++++	?++	?	∫+		+
Kaliklora	∫−	?	§§−	§§−	§§−	∫++	∫++	∫+	∫+			
Kalodont	∫+++++	∫+++	∫++++	§§+++++	§§−	∫++++	∫+++++	∫++	∫+++++	∫+++		∫++
Kolynos	∫++	∫+++	∫+	§§++++	§§−	∫++	∫++++	∫++	∫+	∫+++		∫+++
Kosmodont	§§+++++	§§+++	§§+++++	§§+++++	§§−	∫+++++	∫+++++	∫+++++	∫+++++	∫+++++	?+++	?+++++
Mouson	∫+++++	∫−	∫−	§§+++	§§−	∫++	∫+++	∫++		§§++		§§+−
Odol	∫++	∫+−	?	§§+++	§§−	∫+	∫+++	∫++		§§+++		∫++
Pebeco	∫+++++	∫+	§§+++++	§§+++++	§§−	§§−	∫+++++	∫++++	∫+++++	∫++++		∫+−
Po-Ho	§§−		§§−	§§+++++	§§−	§§−	§§++	?+−	§§−		§§−	∫++
Solvolith	§§−	§§	§§−	§§+++	§§−	§§−	§§+	?	§§−		?	∫++
4711	§§−		§§−	§§+++	§§−	∫−	∫+	∫++	∫++	∫+++	∫++	∫+++++

(Alkohol, Glyzerin, ätherische Oele usw.). Wie man aber z. B. in Nahrungsmitteln die Gesamtsäure als Oxalsäure oder Essigsäure anzugeben pflegt, so haben auch wir die Oberflächenaktivität der Zahnpasten auf Seife berechnet angegeben (Seifenzahl), da in den Zahnpasten die übrigen oberflächenaktiven Substanzen an Bedeutung zurücktreten.

In Fig. 1 ist eine derartige Eichkurve wiedergegeben; hierzu verwandten wir eine handelsübliche Kernseife, die in kleine Stückchen zerschnitten, 24 Stunden bei ca. 40° an der Luft getrocknet wurde. Von diesem Material stellten wir Lösungen von 0,01 Proz. bis 1 Proz. in destilliertem Wasser her.

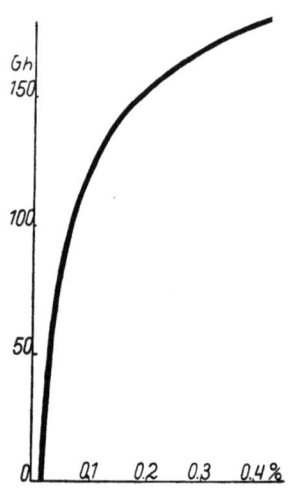

Fig. 1
Die Abhängigkeit der Oberflächenspannung einer Seifenlösung von ihrer Konzentration.

Ordinate: Oberflächenaktivität in Graham.
Abszisse: Konzentration in Proz.

Von den Zahnpasten wurden fünfprozentige Aufschlämmungen in aq. dest. stalagmometriert. Die Werte wurden an den entsprechenden Ordinaten der Eichkurve eingetragen. Die Abszissen dieser Punkte ergeben die Seifenzahlen der Pasten. Um diese Seifenzahlen auf Prozente umzurechnen, muß man die Konzentration der Pastenaufschlämmungen berücksichtigen; die so erhaltenen Zahlen sind in Spalte 7 der oben angeführten Tab. I wiedergegeben.

Die Berechtigung der von uns eingeführten „Seifenzahlen" ergibt sich z. B. daraus, daß für Kolynos-Paste unserer Seifenzahl 23 Proz. die Angabe von 26,6 Proz. Seifengehalt[37] etwa entspricht.

Ein anderer Weg, die Flockung der Zahnpasten in destilliertem Wasser zu vermeiden, ist die Wegschaffung der die Flockung bewirkenden Anteile. Diese muß selbstverständlich ohne Veränderung des Dispersitätsgrades bewirkt werden.

Vorversuche ergaben, daß 1. die Extraktion der Pasten mit Aether im Soxhletapparat, 2. das Auskochen mit Alkohol in Frage kamen.

Zu 1. 40 g der Pasten wurden 4—8 Stunden mit 400 ccm Aether im Soxhletapparat extrahiert. Nach dieser Manipulation wurde das Material bis zum Verschwinden des Aethergeruches an der Luft getrocknet.

Diese Extraktion bewirkte vorwiegend die Entfernung des Glyzerins durch Verdrängung und der ätherischen Oele durch Lösung.

Bei diesem Verfahren, das nicht bei allen Pasten zum Ziele führt, resultieren harte zusammengebackene Stücke, deren Dispergierung oft nur durch anhaltendes Schütteln zu bewirken war, dann aber auch zu Primärteilchen führte.

Zu 2. 40 g der Pasten wurden 4—8 Stunden mit der zehnfachen Menge Alkohol (96 proz.) im Sandbad am Rückflußkühler ausgekocht. Der Alkohol wurde danach durch Filtrieren entfernt; auf dem Filter wurde die Paste mit Alkohol sorgfältig nachgewaschen. Nach dem Filtrieren wurde das Material an der Luft 48 Stunden flach ausgebreitet (höchstens 2 mm Schichtdicke) getrocknet. Durch diese Behandlung werden die Farbstoffe, ätherische Oele, Glyzerin und Seife entfernt.

---

[37] H. Schwarz, Drogenhändler 1927, Nr. 69, 1837.

Man erhält nach dem Trocknen das Material in granulierter Form; die Stückchen lassen sich in Wasser relativ leicht dispergieren. Auch dieses Verfahren führt nicht bei allen Pasten zum Ziel.

IV. Anwendungsbeispiele.

Zur Erläuterung der Wirkungsweise der beschriebenen Vorbereitungsmethoden bringen wir im folgenden einige Sedimentationskurven von Zahnpasten, die in einem normalen Zweischenkel-Flockungsmesser aufgenommen sind. Dieser hat folgende Abmessungen: Höhe der Suspensionssäule 115 cm, Weite des Suspensionsrohres 1,02 cm, Weite des Vergleichsrohres 0,64 cm, Inhalt des Pipettenkörpers 50 ccm.

Zur graphischen Darstellung, die aus Platzersparnis hier allein folgen möge, haben wir in den meisten Fällen eine Methode gewählt, die unseres Wissens bisher in der Literatur für derartige Zwecke nicht beschrieben worden ist, die sich aber bei so eng aneinander liegenden und so häufig überschneidenden Kurven ausgezeichnet bewährt hat. Statt der üblichen rechtwinkligen Koordinaten haben wir spitzwinklige gewählt; ein Winkel von 53° erwies sich als besonders geeignet. In den Figuren 3 und 4 ist außerdem im Interesse der Deutlichkeit der Darstellung eine Verschiebung sowohl der Abszissen als auch der Ordinaten für jedes Kurvenpaar vorgenommen.

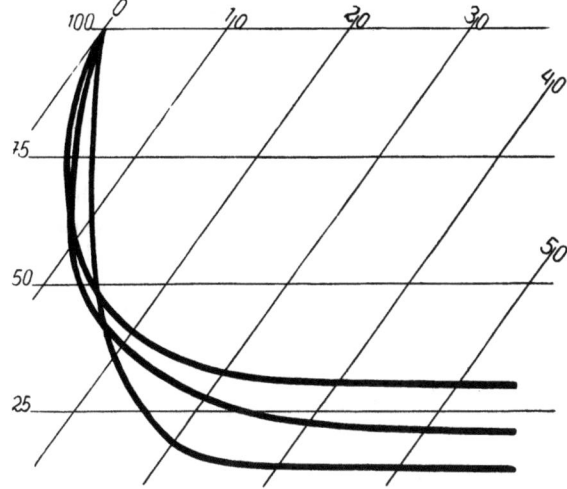

Fig. 2
Sedimentationskurven für Solvolith-Paste.
Ordinate: Nicht sedimentierter Anteil in Prozent.
Abszisse: Zeit in Minuten.

Fig. 2 zeigt 3 Kurven von Solvolith, das mit Alkohol und Aether je 4 Stunden extrahiert und in destilliertem Wasser aufgeschlämmt war. Man sieht aus diesen Kurven die Streuung oder Fehlerbreite der Methoden. Wie man aus diesen Kurven ersieht, ergeben sich z. B. für den Anteil der nach 50 Minuten noch nicht sedimentiert ist, Abweichungen von ± 9 Proz. Diese Genauigkeit ist für praktische Zwecke vollkommen ausreichend.

Fig. 3: Drei Kurvenpaare von Pebeco; je zwei gleichmäßig behandelt. Sämtliche Präparate sind zweimal 6 Stunden mit Aether extrahiert worden. Das obere Kurvenpaar I entspricht dem in einhalbprozentiger Seifenlösung, das mittlere, II, dem in einprozentiger Natriumoleatlösung, das untere, III, dem in destilliertem Wasser aufgeschlämmten Material. Man sieht hieraus, daß die Dispergierung in Seifenlösung und Natriumoleatlösung zu demselben Ergebnis führt; daß dagegen die Teilchen in Wasser erheblich größer sind. Während die Streuung innerhalb der Kurvenpaare 4 Proz., 4 Proz. und 8 Proz. beträgt, verhält sich die „Feinheit" des Materiales in Seifenlösung, Natriumoleatlösung und Wasser wie 12,5 : 12,7 : 10,0.

Unter „Feinheit" verstehen wir in diesem Falle den prozentualen Anteil der Gesamtmenge der dispersen Phase, der nach 50 Minuten noch in Suspension ist.

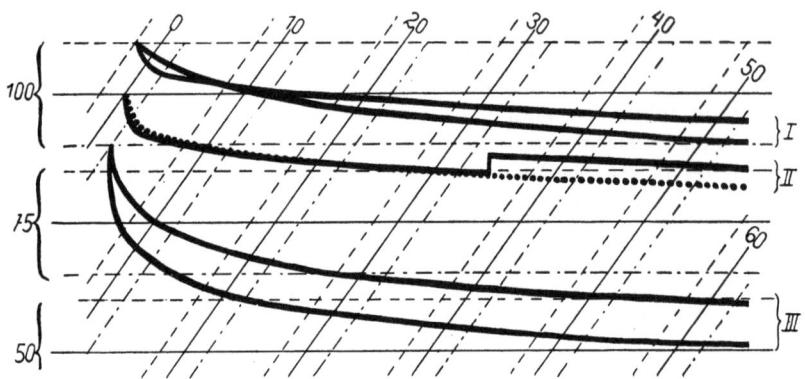

Fig. 3
Sedimentationskurve für in verschiedenen Flüssigkeiten aufgeschlämmte, extrahierte Pebeco-Pasten. Koordinaten wie Fig. 2.

Eine Kurve des mittleren Paares zeigt bei der 34. Minute eine Parallelverschiebung. Diese ist entstanden dadurch, daß in diesem Augenblicke der durch das Einfüllen in den Flockungsmesser verursachte, bei Natriumoleatlösungen kaum zu vermeidende Schaum zusammenfiel. Wie an anderer Stelle darzulegen sein wird, entsteht hieraus kein Fehler bei der Berechnung der absoluten Teilchengröße, der über die Fehlerbreite der Methode hinausgeht.

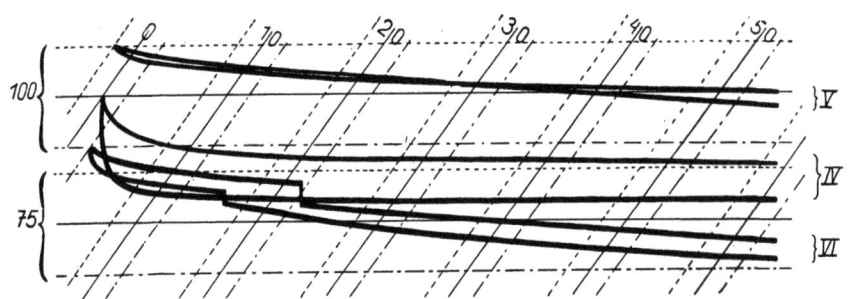

Fig. 4
Sedimentationskurven für in verdünnten Flüssigkeiten aufgeschlämmte, nicht extrahierte Pebeco-Pasten. Koordinaten wie Fig. 2.

Fig. 4 zeigt dasselbe Präparat wie Fig. 3; hier ist die Pebecopaste aber nicht extrahiert worden. Das oberste Kurvenpaar, V, entspricht hier dem in Natriumoleatlösung, das mittlere, IV, dem in Seifenlösung, das untere, VI, dem in destilliertem Wasser aufgeschlämmten Präparat. Natriumoleat und Seife bewirken hier eine größere Differenz, auch zeigt sich bei dem nicht extrahierten Material das Oleat als das wirksamere Dispersionsmittel.

Weiterhin haben wir aus den Kurvenpaaren, die jeweils der gleichen Vorbehandlungsmethode entsprechen, die Durchschnittskurven gebildet. Die so entstandenen 6 Kurven sind in Fig. 5 wiedergegeben. Die römischen Zahlen I bis VI entsprechen den Zahlen in den Figuren 3 und 4.

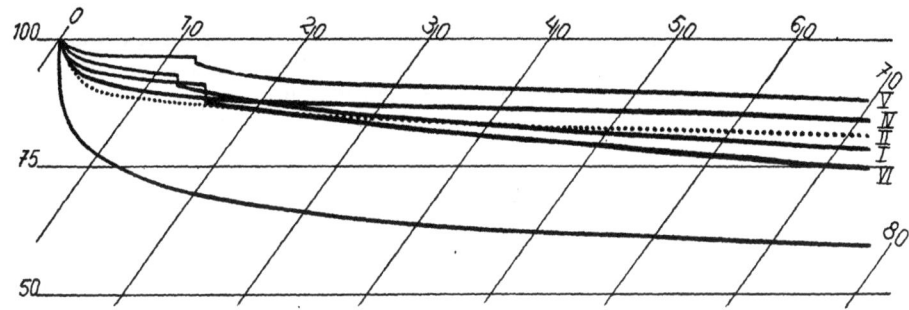

Fig. 5
Zusammenstellung sämtlicher Vorbehandlungsmethoden bei Pebeco-Paste
(Sedimentationskurven). Koordinaten wie Fig. 2.

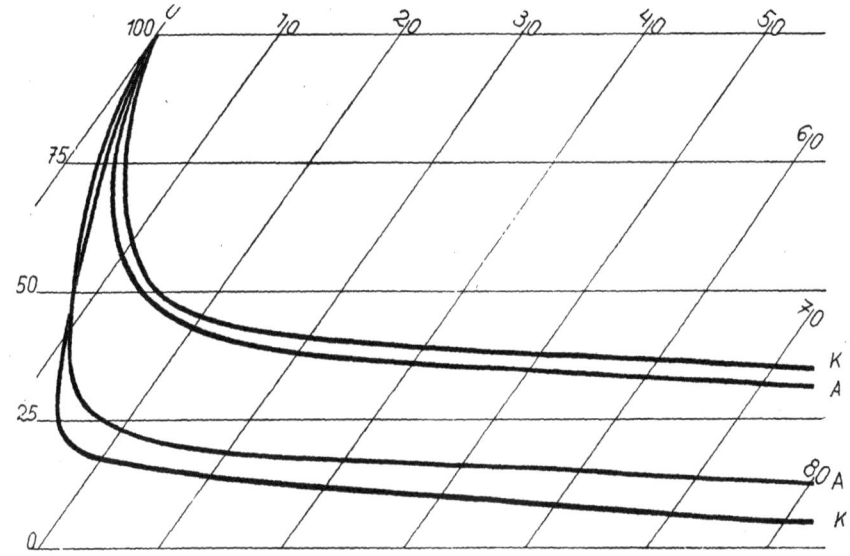

Fig. 6
Sedimentationskurven für verschiedene vorbehandelte und aufgeschlämmte
Albin- (A) und Kaliklora (K)-Pasten. Koordinaten wie Fig. 2.

Man sieht aus dieser Darstellung zunächst, daß Wasser insofern ein ungeeignetes Dispersionsmittel ist, als in ihm die meisten undispergierten Sekundärteilchen vorliegen. — Weiter kann man erkennen, daß bei Pebecopaste das Extrahieren eine geringe Vergröberung des Materials bewirkt; bei allen Aufschlämmungsmitteln liegen die Kurven für das extrahierte Material (I, II, III) niedriger als die entsprechenden Kurven für das nicht extrahierte Material (IV, V, VI). Wieder ist zwischen Oleatlösung und Seifenlösung kein erheblicher Unterschied.

Die Figuren 3, 4 und 5 zeigen alle möglichen Kombinationen von Vorbereitungsmethoden am Beispiel der Pebecopaste in Einzeldarstellungen. In Fig. 6 sind die Sedimentationskurven für je zwei praktisch allein wichtige Kombinationen von Vorbehandlungsmethoden an zwei anderen Zahnpasten, Albin (A) und Kaliklora (K) dargestellt. Bei beiden Pasten, die an sich gleichen Dispersitätsgrad haben, haben die Vorbereitungsmethoden gleiche Wirkung: die nicht extrahierten, in Natriumoleatlösung aufgeschlämmten Pasten erweisen sich als erheblich höher dispers als die vier Stunden mit Alkohol extrahierten, in Wasser aufgeschlämmten Pasten.

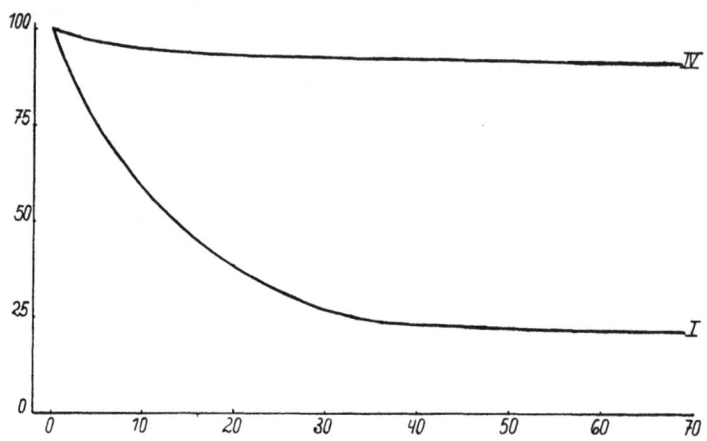

Fig. 7
Sedimentationskurven für verschieden vorbehandelte und aufgeschlämmte Solvolith-Paste. Koordinaten wie Fig. 2.

Noch erheblichere Unterschiede zeigt für Solvolithpaste die Fig. 7. Die obere Kurve zeigt die Sedimentation eines nicht extrahierten und in $1/2$ prozentiger Seifenlösung aufgeschlämmten Materials, die untere zeigt diejenige einer je vier Stunden mit Alkohol und Aether extrahierten und in destilliertem Wasser aufgeschlämmten Paste (entsprechend dem Mittelwert aus den drei in Fig. 2 dargestellten Kurven).

Die Wahl der Vorbehandlungsmethode für eine den tatsächlichen Dispersitätsverhältnissen gerecht werdende Sedimentationsmessung ergibt sich aus diesen Kurven von selbst.

Zusammenfassung.

1. In der Literatur finden sich zahlreiche Angaben über die Notwendigkeit der Aufbereitung dispersen Materiales vor der Sedimentationsanalyse. Diese Methoden, die sich hauptsächlich auf pedologische Materialien beziehen, werden im Vorstehenden kritisch besprochen.

2. Bei Zahnpasten, deren Putzkörper dispersoidanalysiert werden sollte, liegen die Verhältnisse deshalb besonders verwickelt, weil man nebeneinander Dispersoidfraktionen von allen Korngrößen von etwa 40 μ bis zur Molekulargröße vorfindet.

3. Die Aufschlämmbarkeit der Zahnpasten in destilliertem Wasser steht in Zusammenhang mit der Oberflächenaktivität der Pasten.

4. Eine einheitliche Vorbehandlungsmethode, durch die die Pasten in jedem Falle in Primärteilchen zerlegt werden, gibt es nicht. Vielmehr führen bei manchen Pasten die Aufschlämmung in Seifenlösungen, bei anderen Soxhletextraktion mit Aether oder Auskochen mit Alkohol und nachträgliches Aufschlämmen in Wasser, bei anderen dagegen kombinierte Verfahren zum Ziel.

IV. Methodik der Sedimentationsmessung mittels des Zweischenkelflockungsmessers.

Wie vor allem *F.-V. v. Hahn*[84] ausführte, kommen für die Sedimentationsanalyse eine große Anzahl von Methoden und Apparaturen in Frage. Auf die direkten Methoden, unter denen solche verstanden werden, bei denen das einzelne sedimentierende Teilchen während der ganzen Zeit des Absinkens beobachtet wird, braucht nicht näher eingegangen zu werden; sie alle stellen Weiterentwicklungen der Perrinschen Versuchsmethodik dar, deren Unzweckmäßigkeit für die vorliegenden Zwecke schon oben dargelegt wurde.

Unter indirekten Methoden der Sedimentationsanalyse versteht *F.-V. v. Hahn* solche, bei denen nicht das einzeln sedimentierende Teilchen messend verfolgt wird, sondern bei denen aus Änderungen des spezifischen Gewichts des dispersen Systems die Sedimentation berechnet wird, oder bei denen durch geeignete Apparaturen eine Fraktionierung nach bestimmten Teilchengrößen durchgeführt werden kann. Nur die erstgenannten Methoden kamen für den vorliegenden Zweck in Frage. Man kann nun entweder so verfahren, daß man den sedimentierten Anteil der dispersen Phase unter dem Dispersionsmittel wägt; nach diesem Prinzip arbeitet z. B. die automatisch registrierende Sedimentiervorrichtung nach *S. Oden*[85]. Diese Arbeitsweise würde für die vorliegende Untersuchung wohl zweckmäßig sein, sie konnte jedoch nicht benutzt werden, da die außerordentlich kostspielige Apparatur nicht zur Verfügung stand. Eine Reihe anderer Methoden beruht auf dem Prinzip, daß man das spezifische Gewicht der Aufschlämmung fortlaufend mißt. Nach Maßgabe der Sedimentationsgeschwindigkeit entmischt sich das System. Die ausfallenden Teilchen, die am Boden liegen, werden bei der Dichtebestimmung nicht mehr mit berücksichtigt, und aus dem graphisch dargestellten Leichterwerden läßt sich die Sedimentation nach dem Stokesschen Gesetz berechnen. Zuerst wurde dieses Prinzip von *G. Wiegner*[86] zur Sedimentationsmessung verwendet. Daß im vorliegenden Falle der Zweischenkelflockungsmesser nach *Wo. Ostwald* und *F.-V. v. Hahn* und nicht der Wiegnersche Sedimentationsapparat verwendet wurde, geschah deshalb, weil eine Messung im Wiegnerschen Apparat eine zu große Menge an Zahnpasten erfordert hätte, beträgt doch das zu einer Füllung notwendige Volumen etwa 1 l 10proz. Aufschlämmung.

Von den Zweischenkelflockungsmessern wurde das gewöhnliche Modell gewählt, das *Wo. Ostwald* und *F.-V. v. Hahn* 1922 beschrieben haben. Über dieses soll im weiteren Näheres berichtet werden.

Eventuell in Frage gekommen wäre noch der Sedimentationsapparat nach *Kelly*[87], der eine Mikromethode analog den Flockungsmessern darstellt. Für diesen Apparat gilt aber in erhöhtem Maße, was als Fehlerquelle bei den mikroskopischen Methoden hervorgehoben worden ist. Die sehr kleinen Mengen, die man von den zu untersuchenden Stoffen anwenden kann, können keinesfalls als „Durchschnittsmuster" betrachtet werden.

Für die hier beschriebenen Messungen an Zahnpasten erwies es sich als notwendig, eine spezielle Methodik auszubilden, da diese Systeme der Messung erhebliche Schwierigkeiten entgegensetzten. Die starke Schaumbildung bei

Pasten mit hohem Seifengehalt behinderte die Ablesung außerordentlich. Dadurch, daß der Schaum zunächst eine gewisse Höhe hat, im Laufe der Untersuchung aber allmählich zusammenfällt, entstehen, wenn man den oberen Schaumrand abliest — der untere ist sehr schwer erkennbar —, in den weiter unten zu besprechenden Sedimentationskurven Absätze, die ihre Auswertung erschweren. Es gibt verschiedene Mittel zur Beseitigung des Schäumens. Bei gewissen Systemen, die nur schwach oder mäßig schäumen, kann man oft einen Erfolg erzielen, wenn man mittels eines langen, von oben in das Solrohr eingeführten Drahtes, Glasrohrs od. dgl. den Schaum zerstört. Dies ist aber nur ein Notbehelf. Ferner kann man die Aufschlämmung in einem Schütteltrichter herstellen und sie aus demselben vorsichtig an der Wand des Solrohres hinabfließen lassen. Der Schaum bleibt im Schütteltrichter zurück. Weiterhin gelingt es, die Schaumbildung durch Auftropfen von 2—3 Tropfen Äther, Toluol oder dgl. (also einer oberflächenaktiven Flüssigkeit) zu unterdrücken. Hierbei ist gegebenenfalls eine Korrektur der entstandenen Höhendifferenz anzubringen. Eine weitere Methode besteht darin, die Aufschlämmung nicht von oben in das Solrohr einzufüllen, sondern von unten her in dasselbe hinaufzudrücken. Diese Methode kommt aber nur bei genügend kleinen Teilchen in Frage (z. B. bei der Blutkörperchensenkungs-Geschwindigkeitsmessung[88]), da bei gröberen Systemen die groben Teilchen schon vor Beginn der Messung sedimentiert sind.

Eine weitere Methode, die durch die Schaumbildung entstehenden Schwierigkeiten zu umgehen, ist die „Linksablesung", d. h. die Ablesung nur an dem links angebrachten Vergleichsrohr. Aus dem bekannten Verhältnis der Rohrdurchmesser läßt sich nach *Geßner*[89] die Anfangshöhe sowohl, als auch die entsprechenden jeweiligen Höhen im Solrohr berechnen. Einen Vergleich über eine solche indirekte und eine direkte Ablesung bringt die Tab. 3.

Tabelle 3. *Vergleich zwischen direkter und Linksablesung am Flockungsmesser.*

Min.	Links abgelesen: I	Rechts abgelesen: II	Differenz aus I u. II	I u. II auf 100 berechnet	Rechts berechnet: III	Differenz aus I u. III	I u. III auf 100 berechnet
2	1188	1164	24	87,0	1162,4	25,6	86,5
3	87	65	22	79,8	63,1	23,9	79,4
4	86	65	21	76,1	63,7	22,3	75,8
5	$85^1/_2$	66	$19^1/_2$	70,7	64,0	21,5	70,1
6	$84^1/_2$	$66^1/_2$	18	65,3	64,6	19,9	65,0
7	$83^1/_2$	$66^1/_2$	17	61,6	65,25	18,25	61,3
8	$82^1/_2$	67	$15^1/_2$	56,2	65,9	16,6	56,0
10	$80^1/_2$	$67^1/_2$	13	47,1	67,1	13,4	47,0
12	$78^1/_2$	68	$10^1/_2$	38,1	68,4	10,1	38,0
				direkt abgelesen			links abgelesen

Über die *Versuchsdauer* sagt *Hebler*[90]: „Selbst wenn man sich mit der sehr milden Forderung begnügt, daß technische Kolloide möglichst wenig Teilchen von mehr als 1 μ Radius enthalten sollen, ist zur Feststellung dieser Tatsache eine Beobachtung von ca. 5 Tagen erforderlich." Dieser Forderung wurde bei den vorliegenden Versuchen durch eine Versuchsdauer von 5—10 Tagen Rechnung getragen. Die Tab. 4 gibt eine Zusammenstellung von Fallzeiten (nach dem Stokesschen Gesetz unter Zugrundelegung einer Fallhöhe von 115 cm = Höhe der Flüssigkeitssäule im Solrohr errechnet) für vier verschiedene disperse Stoffe mit verschiedenem spezifischen Gewicht.

Tabelle 4. *Sedimentationsdauer in Stunden für vier Stoffe mit verschiedenem spezifischen Gewicht (s).*

Radius in μ	ZnO (s = 5,6)	BaCO$_3$ (s = 4,3)	CaCO$_3$ (s = 2,7)	MgO (s = 2,1)
5,0	1,38	1,92	3,72	5,75
2,5	5,50	7,67	14,90	23,00
1,0	34,4	47,96	93,09	143,9
0,5	137,6	191,8	372,4	575,5
0,2	860,1	1198	2327	3597
0,15	1529	2131	4137	6394
0,125	2202	3069	5958	9208

Daten für die Berechnung: (Siehe S. 34.)
$\eta = 0,0108$ (18° C),
$v = 115$ cm,
$\varrho_1 = 1,0$
$g = 981$.

Hebler[91] gibt in einer ähnlichen Tabelle Werte, die mit den obigen übereinstimmen. Er gibt auch die Fallzeiten für Teilchen von 0,1 und 0,01 μ Radius an, trotzdem er selbst sagt, daß bei diesen kolloiden Dimensionen das Stokessche Gesetz keine Gültigkeit mehr hat. Teilchen von dieser Größenordnung sedimentieren nicht mehr (dies ist ja ein typisches Merkmal der Kolloide), weil hier bereits die Molekularkräfte, die auch die Ursache der Brownschen Bewegung (*Brown*[92], *Lehmann*[93], *Fürth*[94]) sind, sich geltend machen. Es bildet sich ein Gleichgewicht zwischen zwei Kräften aus; der die Sedimentation bewirkenden, senkrecht nach unten gerichteten Schwerkraft und den regellos von allen Seiten kommenden, die Sedimentation verhindernden Molekularstößen (Perrinsches Sedimentationsgleichgewicht[95]).

Die Fehlerquellen des Flockungsmessers kann man einteilen in theoretische, apparative und solche, die aus den notwendigen Hilfsbestimmungen (Dichte und Viscosität des Sedimentationsmediums, Dichte der dispersen Phase) herrühren.

Über die theoretischen Grundlagen der Methode, d. h. im wesentlichen über die Gültigkeit des Stokesschen Gesetzes (Langsamkeit der Bewegung, *Lamb*[96], Lord *Rayleigh*[97], *Allen*[98], *Arnold*[99], *Zeleny* und *McKeeham*[100], *Oseen*[101], *Oden*[102]; Einfluß der Wandnähe, *Lorentz*[103], *Westgren*[104], *Stock*[105], *Cunningham*[106] u. a.; stationärer Bewegungszustand, Lord *Rayleigh*[107], *Picciati*[108], *Boggio*[109]; Kugelform der Teilchen, *Oberbeck*[110], *Gans*[111], *Zeleny* und *McKeeham*[112]), sowie über die apparativen Fehlerquellen (Übertreten der Aufschlämmung in das Vergleichsrohr, v. *Hahn*[113]; Bestimmung des Nullpunktes der Zeitberechnung; Einfüllung; Perrinsches Sedimentationsgleichgewicht) zu berichten, würde über den Rahmen der vorliegenden Arbeit hinausgehen; es soll hier nur der Fehler diskutiert werden, der bei der Bestimmung des spezifischen Gewichtes der dispersen Phase entstehen kann.

Diese Bestimmung wurde so durchgeführt, daß nach beendigter Sedimentationsmessung das Sediment aus dem Flockungsmesser abgelassen, mit destilliertem Wasser gewaschen, abfiltriert und im Vakuumexsiccator getrocknet wurde. Dann erfolgte die Bestimmung des spezifischen Gewichtes (über die Einzelheiten siehe weiter unten).

Tabelle 5. *Einfluß eines Fehlers in der Bestimmung des spezifischen Gewichtes des Sedimentes auf die durch die Stokessche Formel errechnete Teilchengröße.*

Bei einer Veränderung d. spez. Gew. von $s =$	auf $s_1 =$	wird bei einem spez. Gewicht d. Med.	die Teilchengr. r zu klein best. um %
1,1	1,2	1,0	29,25
1,2	1,3	1,0	18,35
1,3	1,4	1,0	13,42
1,4	1,5	1,0	10,63
1,5	1,6	1,0	8,14
1,6	1,7	1,0	7,36
1,7	1,8	1,0	6,44
1,8	1,9	1,0	5,91
1,9	2,0	1,0	4,94
2,0	2,1	1,0	4,60
2,5	2,6	1,0	3,18
2,7	**2,8**	**1,0**	**2,88**
3,0	3,1	1,0	2,40
4,0	4,1	1,0	1,56
5,0	5,1	1,0	1,20
6,0	6,1	1,0	1,12
0,9	1,0	0,8	29,25
0,95	1,05	0,8	22,50
1,0	1,1	0,8	18,35
1,1	1,2	0,8	13,42
1,2	1,3	0,8	10,63
1,3	1,4	0,8	8,14
1,4	1,5	0,8	7,36
1,5	1,6	0,8	6,44
1,6	1,7	0,8	5,91
1,7	1,8	0,8	4,94
1,8	1,9	0,8	4,60
1,9	2,0	0,8	4,19
2,0	2,1	0,8	3,99
2,5	2,6	0,8	2,87
2,7	**2,8**	**0,8**	**2,61**
3,0	3,1	0,8	2,22
4,0	4,1	0,8	1,79
5,0	5,1	0,8	1,23
6,0	6,1	0,8	0,91

$$F\% = \left| \frac{1}{s-\varrho} - \frac{1}{s_1-\varrho} \right| \cdot \frac{100}{r}.$$

Die Tab. 5 und die Abb. 8 geben Aufschluß über die Größe des Fehlers in der Bestimmung der Teilchengröße nach dem Stokesschen Gesetz, der durch eine Fehlbestimmung des spezifischen Gewichtes der dispersen Phase entsteht. Die Größe dieses Fehlers ist abhängig einmal von der Größenordnung des spezifischen Gewichtes und anderseits vom spezifischen Gewicht der zusammenhängenden Phase. Wenn der Fehler bei einem spezifischen Gewicht von 2,7 (= Calciumcarbonat) nicht mehr als 0,1 beträgt, was leicht zu erreichen ist, so bewirkt er einen Fehler in der Teilchengröße von 2,9%; diese Fehlergröße spielt bei der Bestimmungsart keine wesentliche Rolle.

Die Auswertung der Sedimentationsmessungen erfolgt nach den Vorschlägen von Gessner[114] und v. Hahn[115] auf graphischem Wege. Man trägt in einem Koordinatensystem als Abszisse die Zeit nach Beginn der Sedimentation, als Ordinate denjenigen Prozentanteil der gesamten dispersen Phase auf, der zu der betreffenden Zeit noch nicht sedimentiert ist. Die Ordinatenwerte werden folgendermaßen erhalten: die jeweilig abgelesenen Niveaudifferenzen (Hilfsordinate) werden — die Zeit nach Beginn der Sedimentation als Hilfsabszisse — auf Kurvenpapier aufgetragen und der Nullwert extrapoliert. Dieser Nullwert wird gleich 100 gesetzt und die übrigen Werte mit einem sich daraus ergebenden Faktor auf 100 umgerechnet. Diese Zahlenwerte stellen die Ordinatenwerte dar.

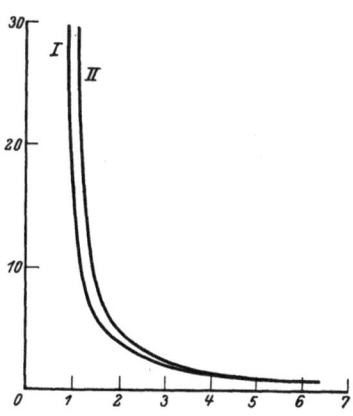

Abb. 8. Einfluß eines Fehlers in der Bestimmung des spezifischen Gewichts der dispersen Phase um 0,1 auf die aus dem Stokesschen Gesetz errechnete Teilchengröße. — Abszisse: Spezifisches Gewicht der dispersen Phase; Ordinate: Prozent Fehler in der Teilchengröße.

Sodann verfährt man wie folgt (vgl. hierzu Abb. 9): Will man z. B. die Durchschnittsgröße der sedimentierten Teilchen für je 10% oder 25% der Gesamtfraktion berechnen, so legt man durch die Ordinaten von 10 zu 10%, bzw. von 25 zu 25% eine Sekante, deren Schnittpunkt mit der Abszisse die mittlere Falldauer der Fraktion und damit (nach dem Stokesschen Gesetz) ihre mittlere Teilgröße angibt.

Dabei ist zu beachten, daß von allen Sekanten, die nicht den Punkt 100% schneiden, deren Parallelen durch diesen Punkt, nicht sie selbst, zur Ablesung zu verwenden sind.

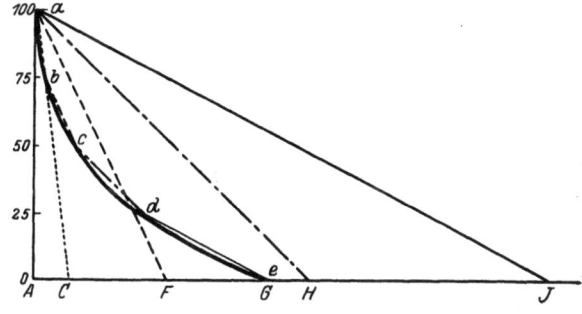

Abb. 9. Graphische Auswertung der Sedimentationsergebnisse nach Gessner und v. Hahn. Abszisse: Zeit; Ordinate: Nicht sedimentierter Anteil in Prozent.

Bei den vorliegenden Messungen wurde die gesamte disperse Phase in 6 Fraktionen zerlegt, nämlich: I. 100—75%, II. 75—50%, III. 50—25%, IV. 25—15%, V. 15—5% und VI. 5—0%, wobei den feineren Fraktionen die feinere Unterteilung entspricht. Aus den nach dem oben beschriebenen Verfahren erhaltenen Fallzeiten wurden nach dem Stokesschen Gesetz die mittleren Teilchengrößen der betreffenden Fraktionen berechnet.

Dieses Gesetz (*Stokes*[116], *Kirchhoff*[117], *Lamb*[118], *Boussinesq*[119], *Noether*[120], *Oseen*[121] u. a.) lautet:

$$u = \frac{v}{t} = \frac{2r^2(\varrho - \varrho_1)g}{9\eta},$$

oder zur Berechnung von r umgeformt:

$$r = \frac{9\eta v}{2(\varrho - \varrho_1)tg},$$

worin r den Teilchenradius in Zentimetern,
 η die Viscosität des Sedimentationsmediums in C-G-S-Einheiten,
 v die Fallhöhe in Zentimetern,
 g die Beschleunigung (981 cm/sec),
 t die Zeit in Sekunden,
 ϱ das spezifische Gewicht der dispersen Phase und
 ϱ_1 das spezifische Gewicht der zusammenhängenden Phase
bedeutet.

Bei der Unübersichtlichkeit der bei den vorliegenden Messungen erhaltenen Kurven (die Beobachtungszeit betrug bis zu 10 Tagen!) wurde so verfahren, daß die gesamte Kurve in 2—3 Abschnitte zerlegt und mit verschiedenem Abszissenmaßstab aufgetragen wurde. Die Auswertung der Kurven mittels logarithmischen Koordinatenpapiers erwies sich als unmöglich, da den Sekanten im logarithmischen Koordinatensystem eine andere mathematische Bedeutung zukommt.

Aus dem Gesagten geht hervor, daß zur Bestimmung der Teilchengröße mittels Sedimentation die Ablesungen am Flockungsmesser allein noch nicht genügen. Man muß, um das Stokessche Gesetz anwenden zu können, außer der Fallgeschwindigkeit auch noch das spezifische Gewicht der dispersen Phase, das des Sedimentationsmediums sowie die Viscosität des letzteren kennen.

Das spezifische Gewicht des Mediums kann ohne wesentlichen Fehler $= 1$ gesetzt werden; das des Sediments wurde folgendermaßen bestimmt (über die Vorbereitung der Sedimente siehe S. 32):

Da die Sedimente zum größten Teile von Wasser schlecht benetzt wurden, mußten sie nach einer besonderen Methode behandelt werden. Es wurde deshalb zur Pyknometerfüllung statt Wasser 96proz. Alkohol verwendet. Zu jeder Messung mußte gewogen werden: das leere Pyknometer (P), das Pyknometer + Sediment (S), das Pyknometer + Sediment + Alkohol (Sa), das Pyknometer + Alkohol (A) und das Pyknometer + destilliertes Wasser (W). Das verwendete Pyknometer hatte etwa 10 ccm Inhalt. Die Messungen wurden bei Zimmertemperatur, also etwa 17° C ausgeführt. Um den Temperaturausgleich herbeizuführen, wurde das gefüllte Pyknometer vor der Wägung etwa 15 Minuten in den Waagekasten gestellt. Um zu verhindern, daß bei einer evtl. Abkühlung des Pyknometerinhaltes Luft mit in das Pyknometer eindrang, wurde auf die abgeschliffene Fläche des Stopfens ein Tropfen der betreffenden Flüssigkeit gesetzt und dieser evtl. nach Bedarf erneuert. Die Wägungen wurden auf 4 Dezimalstellen ausgeführt; sie stimmten bei Wiederholungen durchschnittlich bis in die dritte Dezimalstelle überein. Erheblich erschwert wurden diese Messungen durch das leichte Verdampfen des Alkohols.

Beim Wägen des mit Alkohol und Äther getrockneten Pyknometers ist darauf zu achten, daß der Ätherdampf durch Durchsaugen von Luft quantitativ aus dem Pyknometer entfernt wird, da derselbe schwerer als Luft ist. Der hierdurch verursachte Fehler betrug bei einem Pyknometer von etwa 10 ccm Inhalt etwa 6—8 Milligramm.

Nach dem Einfüllen des Pulvers in das Pyknometer ist der Schliff desselben mittels eines trockenen Pinsels oder Tuches wieder sorgfältig zu reinigen. Es läßt sich auch mit Vorteil ein kleiner Trichter zum Einfüllen verwenden.

Beim Übergießen der Sedimente mit Alkohol ist darauf zu achten, daß dies langsam geschieht, indem man den Alkohol an der Pyknometerwand herabfließen läßt, um ein Verstäuben des Sediments zu verhüten. Man füllt zunächst nur soviel Alkohol ein, daß das Sediment reichlich bedeckt ist, läßt einige Zeit bis zur gründlichen Benetzung stehen und schüttelt dann vorsichtig, um eingeschlossene Luft entweichen zu lassen. Dann füllt man mit Alkohol auf, läßt das Sediment absitzen und fügt den Stopfen ein. Verschließt man jetzt die Durchbohrung des letzteren mit dem Finger und schüttelt das Pyknometer, so dürfen sich nach dem Wiederaufrechtstellen des letzteren keine Luftblasen unter dem Stopfen mehr zeigen.

Beim Wägen wird der auf die Schliffläche aufgesetzte Tropfen (siehe S. 35) zunächst nur teilweise abgetupft und sodann das ungefähre Gewicht bestimmt. Erst jetzt wird die Schliffläche vollständig von Flüssigkeit befreit und die Wägung zu Ende geführt.

Etwas umständlich gestaltet sich die Berechnung der spezifischen Gewichte, da noch eine das spezifische Gewicht des Alkohols berücksichtigende Umrechnung erforderlich ist.

Die Rechnungen wurden mittels eines Rechenschiebers durchgeführt, da es sich herausstellte, daß die damit erhaltenen Resultate mit den durch logarithmische Rechnung erhaltenen bis in die zweite Dezimalstelle übereinstimmten; eine höhere Genauigkeit ist bei diesen Messungen nicht zu erreichen.

Bezeichnet man mit

P das Gewicht des Pyknometers,
W das Gewicht des Pyknometers + Aqua destillata,
A das Gewicht des Pyknometers + Alkohol,
S das Gewicht des Pyknometers + Sediment und mit
Sa das Gewicht des Pyknometers + Sediment + Alkohol,

so ist in der allgemeinen Formel:

$$s = \frac{G}{V},$$

in der s spezifisches Gewicht, G absolutes Gewicht und V Volumen bedeutet,

$$G = S - P. \tag{1}$$

Das Volumen des Sedimentes V (Sed.) ist:

$$V(\text{Sed.}) = V(\text{Pykn.}) - V(\text{Alk. 2}), \tag{2}$$

worin $V(\text{Pykn.})$ der Inhalt des Pyknometers und $V(\text{Alk. 2})$ die über dem Sediment befindliche Alkoholmenge ist, die natürlich kleiner sein muß, als die dem Gewicht $A-P$ entsprechende. Das Gewicht dieser Alkoholmenge ist:

$$G(\text{Alk. 2}) = Sa - S \text{ und ihr Volumen:}$$

$$V(Alk.\ 2) = \frac{Sa - S}{s(\text{Alk.})},$$

worin s (alk.) das spezifische Gewicht des Alkohols ist. Setzt man diese Gleichung in (2) ein, so erhält man:

$$V(\text{Sed.}) = V(\text{Pykn.}) - \frac{Sa - S}{s(\text{Alk.})},$$

$$V(\text{Sed.}) = (W - P) - \frac{Sa - S}{s(\text{Alk.})},$$

und da

$$s(\text{Alk.}) = \frac{G}{V} = \frac{A - P}{W - P}$$

ist, so erhält man:

$$V(\text{Sed.}) = (W - P) - \frac{(Sa - S)(W - P)}{(A - P)},$$

also:

$$s(\text{Sed.}) = \frac{(S - P)}{(W - P) - \frac{(Sa - S)(W - P)}{(A - P)}},$$

und durch einfache Umformungen:

$$s = \frac{(S - P)(A - P)}{(W - P)\,[(A + S) - (P + Sa)]}.$$

Nach dieser Formel wurde das spezifische Gewicht der Sedimente berechnet.

Einige Bestimmungen konnten in Wasser ausgeführt werden. Für die Berechnung dieser Wägungen wurde folgende Formel benutzt:

$$s = \frac{(S - P)}{(W + S) - (P + Sw)},$$

worin P das Gewicht des Pyknometers,
W das Gewicht des Pyknometers + Aqua destillata,
S das Gewicht des Pyknometers + Sediment und
Sw das Gewicht des Pyknometers + Sediment + Aqua destillata
bedeutet.

Als Sedimentationsmedium wurde nicht das reine Dispersionsmittel (Aqua dest., $^1/_2$ proz. Seifen- bzw. 1 proz. Natriumoleatlösung), sondern die Flüssigkeit angenommen, die nach beendigter Sedimentationsmessung beim Abfiltrieren des Sediments durch Filter 602 extra hart erhalten wurde. Dies geschah, weil beim Aufschlämmen (insbesondere der nicht extrahierten Pasten) sowohl das spezifische Gewicht als auch die Viscosität der Dispergierungsflüssigkeit sich ändern konnte. Die sich ergebenden Abweichungen vom spezifischen Gewicht des reinen

Dispersionsmittels waren so geringfügig — durchschnittlich um 0,01 höher —, daß sie bei der Berechnung vernachlässigt werden konnten. Hingegen waren die Abweichungen in der Viscosität oft so erheblich (Glyceringehalt der Pasten!), daß eine Viscositätsbestimmung in jedem Falle nötig war.

Diese Bestimmung wurde in einem Viscosimeter nach *Wi. Ostwald* vorgenommen (siehe Abb. 10). Man bestimmt mit einer Stoppuhr die Durchlaufzeit für das durch die zwei Marken c und d (ober- und unterhalb der Kugel k) begrenzte Volumen, das unter dem Einfluß der Schwere durch die Capillare $b-d$ fließt. Der Apparat wurde in ein Wasserbad mit konstanter Temperatur gesetzt, bis ein Temperaturausgleich eingetreten war. Dies war meist nach etwa 15 Minuten der Fall; dann begann die Messung. Diese Maßnahme war nötig, da bekanntlich die Viscosität stark von der Temperatur abhängt.

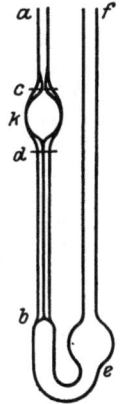 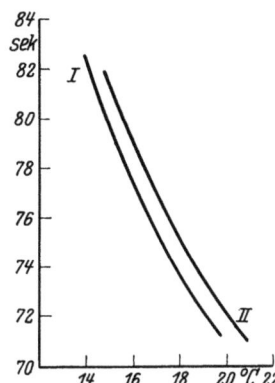

Abb. 10. Viscosimeter nach *Wilhelm Ostwald*.

Abb. 11. Abhängigkeit der Durchlaufzeit von der in das Viscosimeter eingefüllten Flüssigkeitsmenge. Abszisse: Grad Celsius; Ordinate: Zeit in Sekunden. I.: 15 ccm; II.: 16 ccm Füllung.

Von einer Flüssigkeit wurden stets fünf Bestimmungen gemacht, deren Mittelwert verwendet wurde. Die Schwankungsbreite ergibt sich aus folgendem Beispiel:

80,4, 81,6, 79,8, 80,2, 80,8, = 80,6 sec.

Zwischen je zwei definitive Bestimmungen wurde stets eine Wasserwertsbestimmung eingeschaltet.

Die erhaltenen Sekundenzahlen wurden durch den derselben Temperatur entsprechenden Wasserwert dividiert, und die so erhaltenen Zahlen, die die relative Viscosität angeben, wurden zur Anwendung im Stokesschen Gesetz mit der entsprechenden Viscosität des reinen Wassers in *C-G-S*-Einheiten multipliziert (*Landolt-Börnstein*[122]).

Natürlich hängt die Durchlaufzeit nicht nur von der Viscosität, sondern auch von der in das Viscosimeter eingefüllten Flüssigkeitsmenge ab, da die Niveaudifferenz konstant gehalten werden muß. Es ist daher darauf zu achten, daß bei *allen* Messungen stets genau das gleiche Volumen eingefüllt wird. Über den Fehler, der hieraus entstehen kann, gibt das Kurvenbild Abb. 11 Aufschluß.

Dieses zeigt, daß bei gleichbleibender Füllung des Viscosimeters die erhaltenen Werte stets auf derselben Kurve liegen, daß deren Lage im Koordinatensystem aber von der verschieden großen Füllung abhängig ist.

Die erhaltenen Werte der relativen Viscosität sind in Tab. 6 zusammengefaßt.

Tabelle 6. *Relative Viscosität der Sedimentationsmedien.*

Medium	Nach Sedimentation von ... ist die	Relative Viscos.	Medium	Nach Sedimentation von ... ist die	Relative Viscos.
Oleatlösg. 1 proz.	Albin	1,336	Dest. Wasser	Pebeco B	1,061
desgl.	Albol/Erba	1,102	desgl.	Pebeco G	1,071
desgl.	Biox	1,115	Oleatlösg. 1 proz.	Pebeco I	1,221
desgl.	Biox/Trocken	1,010	desgl.	Pebeco A	1,215
desgl.	Biox/Ultra	1,061	Seifenlösg. $^{1}/_{2}$ proz.	Pebeco E	1,300
Dest. Wasser	Bombastus	1,026	desgl.	Pebeco F	1,303
desgl.	Bombastus/Pulv.	1,063	Dest. Wasser	Pebeco X	1,047
Oleatlösg. 1 proz.	Chlorodont	1,185	desgl.	Pebeco D	1,068
Seifenlösg. $^{1}/_{2}$ proz.	Eudol	1,100	Oleatlösg. 1 proz.	Pebeco H	1,288
Oleatlösg. 1 proz.	Irex	1,017	desgl.	Pebeco J	1,287
Dest. Wasser	Kaliklor/Valli	1,136	Seifenlösg. $^{1}/_{2}$ proz.	Pebeco C	1,385
desgl.	Kaliklora	1,093	desgl.	Pebeco K	1,420
Oleatlösg. 1 proz.	Kaliklora	1,528	desgl.	Po-Ho	1,057
desgl.	Kaliklora/Pulv.	1,036	desgl.	Solvolith	1,070
Seifenlösg. $^{1}/_{2}$ proz.	Kaliklora/Pulv.	1,027	Dest. Wasser	Solvolith	1,025
Dest. Wasser	Kalodont	1,022	Oleatlösg. 1 proz.	4711	1,138
desgl.	Kolynos	1,098	Dest. Wasser	Calc. carbonic.	1,000
Oleatlösg. 1 proz.	Kosmodont	1,053	desgl.	Magnesia usta	1,000
desgl.	Kosmodont/Pulv.	1,014	desgl.	Lapis pumicis	1,000
Dest. Wasser	Mouson	1,077	desgl.	Odol	1,259

V. Ergebnisse der Dispersoidanalyse der Zahnreinigungsmittel.

A. Filtration.

Die Ergebnisse der Filtrationsanalyse sind bereits in Kapitel III, S. 11 ff. niedergelegt, daselbst finden sich auch die nötigen Erklärungen. Hier sei nur noch hinzugefügt, daß versucht wurde, die Pasten nach ihrem Dispersitätsgrad zu ordnen; zu diesem Zwecke wurde $+++++ = 6$, $++++ = 5$, $+++ = 4$, $++ = 3$, $+ - = 1$ und $- = 0$ gesetzt, wobei 6 dem höchsten, 0 dem nedrigsten Dispersitätsgrad entspricht. Die sodann durch Addition der wagerechten Reihen erhaltenen Zahlen wurden durch die Anzahl der Bestimmungen dividiert und die Pasten nach der Größe der so erhaltenen Werte in eine Reihenfolge gebracht, die die Tab. 7 (siehe S. 32) wiedergibt. Z. B. ergibt Kolynos 18 Punkte; durch 7 (Bestimmungen) dividiert = 2,57.

Tabelle 7. *Dispersoidologische Reihenfolge der Pasten nach den Ergebnissen der Filtrationsanalyse.*

Kosmodont	5,1	Albol/Erba	2,9
Bombastus	4,8	Biox	2,7
Mouson	4,2	Kolynos	2,6
Biox/Ultra	3,5	4711	2,1
Kaliklor/Valli	3,4	Odol	1,7
Pebeco	3,4	Chlorodont	1,4
Solvolith	3,3	Kaliklora	1,0
Kalodont	3,1	Eudol	0,9
Albin	3,0	Po-Ho	0,0

Diese Werte stellen natürlich nur Anhaltspunkte relativer Natur und keine absoluten Werte des Dispersitätsgrades dar; dies um so mehr, als bei dieser Methode nicht nur der *Dispersitätsgrad*, sondern auch die *Dispergierbarkeit* der Pasten eine große Rolle spielt. Dies geht aus der Tatsache hervor, daß sich die Pasten je nach der Dispergierungsflüssigkeit ganz verschieden verhalten. Zieht man dieses Verhalten in Betracht, d. h. ordnet man die Pasten nach ihrem Dispersitätsgrad für je eine Aufschlämmungsflüssigkeit ein, so ergibt sich eine ganz andere Reihenfolge, die aus Tab. 8 zu ersehen ist. In dieser Tabelle sind mit 6 diejenigen Pasten bezeichnet, die sich nach dieser Methode als die feinsten, mit 1 diejenigen bezeichnet, die sich als die gröbsten erwiesen.

B. Sedimentation.

Über die Methodik der Sedimentationsanalyse ist oben berichtet worden, die Ergebnisse sind in den Tab. 9—14 und den Abb. 12—17 zusammengestellt. Zum Vergleich sind drei handelsübliche disperse Präparate herangezogen worden, nämlich Calcium carbonicum praecipitatum albissimum levissimum, Magnesia usta und Lapis pumicis subtilissime pulverisat.

Die Messungen wurden so ausgewertet, daß die Durchschnittsteilchengrößen von sechs Fraktionen der dispersen Phase bestimmt wurden. Diese sechs Fraktionen haben folgende Bedeutung:

I. Fraktion: die gröbsten 25%,
II.   „   „   nächstfeineren 25%,
III.   „   „   „   25%,
IV.   „   „   „   10%,
V.   „   „   „   10%,
VI.   „   „   feinsten   5%.

Hierdurch wurden also die feineren Anteile, die hier von besonderem Interesse sind, besonders berücksichtigt.

Für die Sedimentationsanalyse sind im ganzen sechs Vorbereitungsmethoden gebraucht worden, nämlich Aufschwem-

Tabelle 8. Dispersoidologische Reihenfolge der Pasten für je eine Aufschlämmungsflüssigkeit nach den Ergebnissen der Filtrationsanalyse.

Dest. Wasser	Desoxycholsäure	Nonylsäure	Tannin	Eiweiß	Gelatine	Gummi arabicum	Octylalkohol	Natriumoleat	Saponin	Kernseife
Bombastus 6	Kosmod. 6	Bombast. 6	Albin 6	Bombast. 6	Kaliklor 6	Bombast. 6	Bombast. 6	Kosmodt. 6	Kosmodt. 5	Kosmodt. 6
Kalodont 6	Kalodont 4	Kosmod. 6	Bombast. 6	Kaliklor 6	Kosmodt. 5	Kosmodt. 6	Mouson 6	Pebeco 6	Albin 4	4711 6
Kosmod. 6	Kolynos 4	Kalodont 4	Kaliklor 4	Kalodont 6	Pebeco 5	Biox/Ultra 5	Albin 4	Albol 5	Biox 4	Albol 5
Mouson 6	Albin 1	Kolynos 2	Kosmod. 2	Biox/Ultra 6	Albin 4	Kaliklor 3	Biox/Ultra 4	Chlorodt. 5	Bombast. 4	Biox 4
Pebeco 6	Pebeco 1	Pebeco 2	Mouson 2	Kosmodt. 6	Biox/Ultra 4	Kalodont 3	Kalodont 2	Mouson 4	Eudol 3	Kolynos 3
Albin 5			Pebeco 6	Odol 6	Bombast. 4	Kolynos 3		Odol 4	4711 3	Pebeco 3
Biox/Ultra 4			Solvolith 6	Biox 6	Kaliklora 4	Pebeco 3		Albin 3	Albol 2	Solvolith 3
Kolynos 3			4711 6	Mouson 6	Kalodont 4	Albin 2		Biox 3	Chlorodt. 2	Kaliklor 2
Odol 3			Albol 5	Pebeco 5	Kolynos 3	Kaliklora 2		Biox/Ultra 3		Odol 1
Biox 2			Chlorodt. 5	Albin 5	Solvolith 3	Chlorodt. 1		Kaliklora 2		
Kaliklor 2			Biox/Ult. 4		Chlorodt. 2	Eudol 1				
					Eudol 2	Solvolith 1				

mung in destilliertem Wasser, ½ proz. Seifenlösung und 1 proz. Natriumoleatlösung und zwar je einmal von extrahierter und nichtextrahierter Paste (siehe Kap. III). Je nach der Vorbereitungsmethode sind die Ergebnisse in den Tab. 9—14 eingeordnet.

Tab. 9 und Abb. 12 geben die Teilchengrößen (= Teilchendurchmesser!) von sechs, mit Alkohol und Äther extrahierten und in destilliertem Wasser auf-

Tabelle 9. *Teilchengrößen von 6 mit Alkohol und Äther extrahierten und in destilliertem Wasser aufgeschlämmten Pasten in μ.*

Paste	100—75%	75—50%	50—25%	25—15%	15—5%	5—0%	Feinstdisperser Anteil		Koll. Anteil
Albin I	47,62	34,23	24,34	7,93	2,98	—			
Kaliklora I	44,73	38,73	34,72	15,57	5,03	0,60			
Kolynos	6,89	4,57	1,14	—	—	—	50—31,8%	1,14 μ	31,8 %
Mouson	27,63	14,56	8,72	3,59	1,18	—	15— 7,4%	1,18 μ	7,4 %
Pebeco X	15,18	1,30	—	—	—	—	75—54,3%	1,30 μ	54,3 %
Pebeco D	23,05	3,21	—	—	—	—	75—53,5%	3,21 μ	53,5 %
Solvolith I	36,44	27,79	18,15	3,66	—	—	25—18,8%	3,66 μ	18,8 %
Solvolith II	37,79	27,26	3,35	0,55	—	—	25—15,4%	0,55 μ	15,4 %
Solvolith III	28,35	25,00	22,19	16,60	7,24	—	15—14,4%	7,24 μ	14,4 %

geschwemmten Pasten wieder. In der Tabelle ist Pebeco zweimal und Solvolith dreimal angeführt (graphische Darstellung siehe Kap. III). Diese Mehrfachbestimmung wurde angestellt, um die Fehlerbreite zu eruieren. In Abb. 12 sind für Pebeco bzw. Solvolith nur die Durchschnittswerte aus diesen Mehrfachbestimmungen eingezeichnet. Wie man auf diesem Kurvenbild ersieht, er-

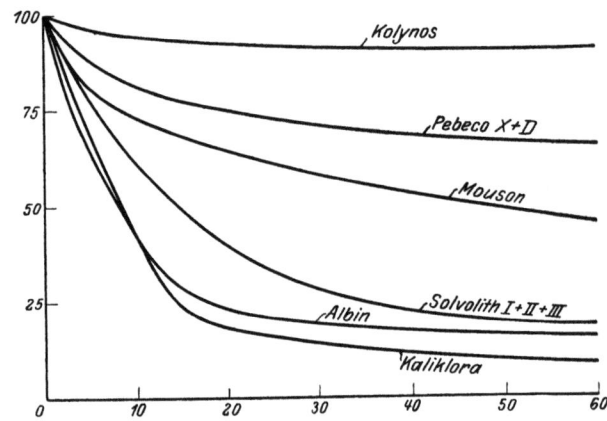

Abb. 12. 6 Pasten mit Alkohol und Äther extrahiert, in destilliertem Wasser aufgeschlämmt. — Ordinaten wie Abb. 2.

weisen sich bei dieser Messung Kolynos, Pebeco und Mouson als bedeutend höher dispers als Solvolith, Albin und Kaliklora, das zwar im grobdispersen Anteil feiner als letzteres ist, jedoch weniger feine Anteile enthält.

Die Tab. 10 und 11 sowie die Abb. 13 geben die mit Pebecopaste erhaltenen Resultate wieder. Dieselbe war mit Alkohol und Äther extrahiert und einerseits in 1proz. Natriumoleat- (H, J), andererseits in ½ proz. Seifenlösung aufgeschwemmt worden (C, K). Wie man sieht, ist der Kolloidgehalt des Präparates außerordentlich hoch. Die Kurven in Abb. 13 stellen den Durchschnitt aus je zwei Messungen dar.

Tabelle 10. *Teilchengrößen von mit Alkohol und Äther extrahierter und in $^1/_2$proz. Seifenlösung aufgeschwemmter Pebecopaste in μ.*

Paste	100—75%	75—50%	50—25%	25—15%	15—5%	5—0%	Feinstdisperser Anteil	Koll. Anteil
Pebeco C	9,99	0,89	—	—	—	—	75—64,2% 0,89 μ	64,2%
Pebeco K	7,23	0,99	—	—	—	—	75—62,0% 0,99 μ	62,0%

Tabelle 11. *Teilchengrößen von mit Alkohol und Äther extrahierter und in 1proz. Natriumoleatlösung aufgeschwemmter Pebecopaste in μ.*

Paste	100—75%	75—50%	50—25%	25—15%	15—5%	5—0%	Feinstdisperser Anteil	Koll. Anteil
Pebeco H	6,86	0,74	—	—	—	—	75—61,6% 0,74 μ	61,6%
Pebeco J	5,40	1,10	—	—	—	—	75—64,6% 1,10 μ	64,6%

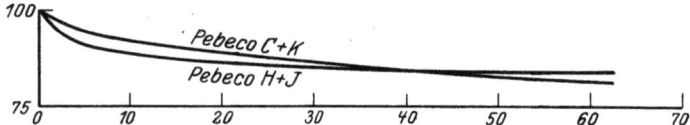

Abb. 13. 2 Durchschnitte aus je 2 Messungen von *Pebeco*. Alle extrahiert, je 2 in Oleat (H, J) und in Seife (C, K) aufgeschlämmt. Ordinaten wie Abb. 2.

Aus Abb. 14 und Tab. 12 geht mit großer Deutlichkeit die weitgehende Zerteilung der in den Zahnputzmitteln enthaltenen Teilchen gegenüber der handelsüblichen Schlämmkreide ($CaCO_3$) hervor, die ja auch häufig als Zahnputzmittel verwendet wird. Wie man ferner sieht, haben die hier gemessenen Präparate ungefähr den gleichen Dispersitätsgrad.

Tabelle 12. *Teilchengrößen von 6 nicht extrahierten Pasten und 3 Vergleichspräparaten in destilliertem Wasser aufgeschlämmt in μ.*

Paste	100—75%	75—50%	50—25%	25—15%	15—5%	5—0%	Feinstdisperser Anteil	Koll. Anteil
Bombastus	5,35	2,69	0,78	—	—	—	50—42,3% 0,78 μ	42,3%
Bomb. Pulv.	17,04	6,24	2,98	0,89	0,41	—	15—14,3% 0,41 μ	14,3%
Kalikl./Valli	5,19	0,84	—	—	—	—	75—50,5% 0,84 μ	50,5%
Kalodont	9,47	2,92	0,94	—	—	—	50—37,7% 0,94 μ	37,7%
Odol	6,48	2,83	1,12	—	—	—	50—39,8% 1,12 μ	39,8%
Pebeco B	6,97	0,73	—	—	—	—	75—63,7% 0,73 μ	63,7%
Pebeco G	11,01	2,06	—	—	—	—	75—62,4% 2,06 μ	62,4%
Calc. carbon.	43,42	36,18	28,83	20,07	8,78	4,03		
Magnes. usta	49,32	41,47	33,42	27,14	22,76	14,49		
Lapis pumicis	55,75	38,19	27,27	14,11	2,43	1,32		

Tab. 13 und Abb. 15 geben die Resultate von Messungen wieder, die an nichtextrahierten und in $^1/_2$proz. Seifenlösung aufgeschwemmten Pasten gewonnen wurden. Auch hier ist die Pebecokurve der Durchschnitt aus zwei Messungen.

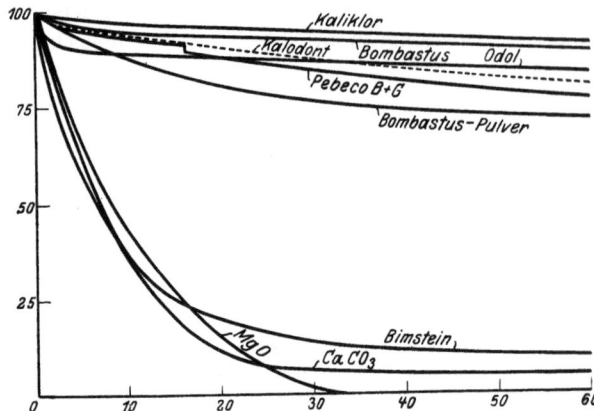

Abb. 14. 6 nicht extrahierte Pasten und 3 Vergleichspräparate in destilliertem Wasser aufgeschlämmt. Ordinaten wie Abb. 2.

Tabelle 13. *Teilchengrößen von 5 nicht extrahierten, in $^1/_2$ proz. Seifenlösung aufgeschlämmten Pasten in μ.*

Paste	100—75%	75—50%	50—25%	25—15%	15—5%	5—0%	Feinstdisperser Anteil		Koll. Anteil
Eudol	11,82	2,99	0,96	—	—	—	50—40,3%	0,96 μ	40,3%
Kalikl. Pul.II	13,70	11,01	4,44	2,19	1,27	—	15—13,8%	1,27 μ	13,8%
Pebeco E	9,76	0,98	—	—	—	—	75—62,3%	0,98 μ	62,3%
Pebeco F	3,77	1,19	—	—	—	—	75—69,4%	1,19 μ	69,4%
Po-Ho	10,11	2,64	0,98	—	—	—	50—44,2%	0,98 μ	44,2%
Solvolith IV	5,08	1,49	0,53	—	—	—	50—39,3%	0,53 μ	39,3%

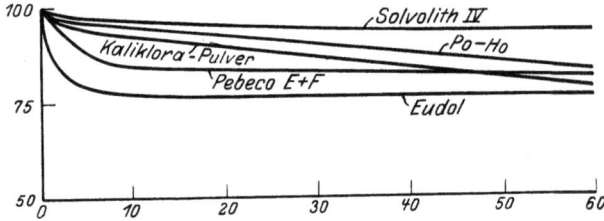

Abb. 15. 5 Kurven von nicht extrahierten, in $^1/_2$ proz. Seifenlösung aufgeschlämmten Pasten. Ordinaten wie Abb. 2.

Da die in Tab. 14 vereinigten Werte von nicht extrahierten, in 1 proz. Natriumoleatlösung aufgeschwemmten Pasten in einer Abbildung nur schwer übersichtlich darzustellen waren, sind sie in zwei Abbildungen unterteilt worden (Abb. 16 und 17). Wie man aus diesen ersieht, sind diese Präparate, ebenso wie die in Seifenlösung aufgeschlämmten, höher dispers als die in destilliertem Wasser hergestellten Aufschlämmungen.

Zur Erzielung der angeführten Ergebnisse waren 43 5—10 tägige Sedimentationsmessungen erforderlich. Da nur zwei Apparate zur Verfügung standen, konnten nicht mehr Untersuchungen vorgenommen werden. Trotzdem erlauben die dargelegten Zahlen folgende Schlüsse:

Tabelle 14. *Teilchengrößen von 13 nicht extrahierten, in 1proz. Natriumoleatlösung aufgeschlämmten Pasten in μ.*

Paste	100—75%	75—50%	50—25%	25—15%	15—5%	5—0%	Feinstdisperser Anteil	Koll. Anteil
Albin II	49,65	31,75	4,94	1,15	0,63	—	15—13,1% 0,63 μ	13,1%
Albol/Erba	43,03	12,47	2,13	0,71	—	—	25—20,6% 0,71 μ	20,6%
Biox	16,70	6,76	2,18	—	—	—	50—30,9% 2,18 μ	30,9%
Biox/Trocken	12,93	2,28	0,36	—	—	—	50—30,9% 0,36 μ	30,9%
Biox/Ultra	25,24	6,97	1,71	—	—	—	50—34,5% 1,71 μ	34,5%
Chlorodont	33,39	11,54	2,95	0,77	—	—	25—20,0% 0,77 μ	20,0%
Irex/Pulver	9,11	6,79	3,14	1,50	0,52	—	15— 9,7% 0,52 μ	9,7%
Kaliklora II	58,12	42,22	4,83	0,98	—	—	25—18,6% 0,98 μ	18,6%
Kalikl.Pulv. I	61,18	16,71	1,38	—	—	—	50—28,4% 1,38 μ	28,4%
Kosmodont	8,32	3,14	0,90	—	—	—	50—39,8% 0,90 μ	39,8%
Kosmod.Plv.	22,80	5,80	2,41	1,08	—	—	25—19,0% 1,08 μ	19,0%
Pebeco I	3,94	0,89	—	—	—	—	75—68,3% 0,89 μ	68,3%
Pebeco A	2,27	0,57	—	—	—	—	75—74,0% 0,57 μ	74,0%
4711	18,10	5,51	1,24	—	—	—	50—25,5% 1,24 μ	25,5%

Von den 23 untersuchten Pasten und Pulvern haben 19 einen Kolloidgehalt über 10% und 2 einen solchen über 50%. Hieraus ersieht man, daß 8,7% der untersuchten Pasten zu mehr als der Hälfte der Gewichtsmenge aus kolloiden Partikeln bestehen. Diese bisher nicht bekannte Tatsache weist darauf hin, daß für die Beurteilung eines Zahnreinigungsmittels noch ganz andere Überlegungen erforderlich sind, als die bisher in der Literatur berücksichtigten und von den Fabriken propagierten.

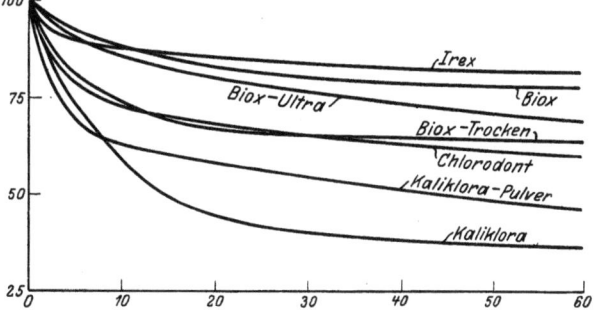

Abb. 16. 7 Kurven von nicht extrahierten, in 1proz. Natriumoleatlösung aufgeschwemmten Pasten. Ordinaten wie Abb. 2.

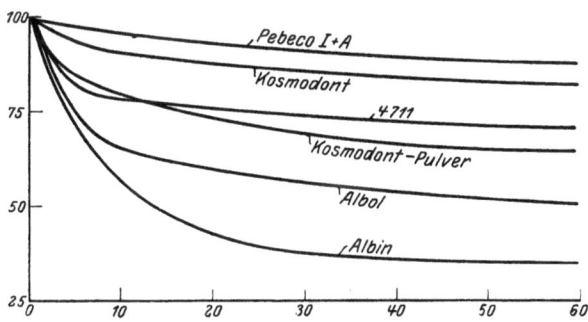

Abb. 17. 6 Kurven von nicht extrahierten, in 1proz. Natriumoleatlösung aufgeschlämmten Pasten. Ordinaten wie Abb. 2.

C. Mikroskopie.

Zu den nachstehenden mikroskopischen Untersuchungen sind die Präparate durch Verreiben einer Spur des Materials in destilliertem Wasser auf dem Objektträger mittels eines Glasstabes hergestellt worden. Ebenso wie manche Pasten sich in Wasser nur schwer verteilen, war auch hier bei denselben Präparaten eine mangelhafte Verreibbarkeit erkennbar. Diese bedingt jedoch bei der mikroskopischen Beurteilung keinen Fehler, da die Pasten beim Gebrauch im Munde sicher durch die Zahnbürste auch nicht feiner dispergiert werden. Die Präparate wurden dann mit einem Deckglas bedeckt betrachtet.

Die Präparate wurden im Hellfeld, im Dunkelfeld und im Polarisationsmikroskop untersucht. Ferner wurde von jeder Paste noch ein unverdünntes Präparat hergestellt. Dieses geschah, weil sich bei den oben geschilderten Versuchen der große Einfluß der Art des Aufschlämmens auf die Teilchengröße ergeben hatte. Es war somit von Interesse, ein Bild der Paste, wie sie in der Tube vorliegt, zu gewinnen, zumal im verdünnten Präparat die wasserlöslichen Bestandteile aufgelöst sind. Häufig war kein wesentlicher Unterschied zwischen dem verdünnten und dem unverdünnten Präparat festzustellen. Die unverdünnten Präparate wurden durch einen Druck auf das Deckglas auf dem Objektträger hergestellt.

Die angewendeten Vergrößerungen waren 95- und 620fach linear.

1. Albin.

Im *Dunkelfeld* finden sich zahlreiche kleine Teilchen, die zum Teil träge Brownsche Bewegung zeigen. Im Vergleich mit Biox-Ultra macht dieser hochdisperse Anteil einen gröberen Eindruck.

Im *Hellfeld* sieht man im wesentlichen zwei verschiedene Arten von Teilchen, nämlich einerseits Nadeln, andererseits Sekundärteilchen. Die Nadeln sind ziemlich spärlich: sie sind zum Teil zu schwalbenschwanzartigen Zwillingsbildungen, zum Teil zu sternförmigen Gebilden verwachsen. Die Nadeln sind im Durchschnitt 2,6 μ lang. Hin und wieder finden sich längere, etwa bis 6,5 μ. Zweitens finden sich Sekundärteilchen in zwei verschiedenen Formen: nämlich einerseits halbdurchsichtige, aus sehr feinen Primärteilchen bestehende; diese Sekundärteilchen sind im Durchschnitt etwa 7,8 μ groß. Andererseits finden sich undurchsichtige Sekundärteilchen, die sowohl etwas größer sind, als auch aus größeren Primärteilchen zu bestehen scheinen. Primärteilchen kommen einzeln gelagert außer Bruchstücken von Nadeln sehr selten vor. Sie zeigen nur vereinzelt träge Brownsche Bewegung. Außerdem finden sich stark leuchtende Teilchen von etwa ovaler Form. Diese sind sehr selten. Die helleuchtenden Teilchen färben sich mit Tinctura Jodi dunkel und erweisen sich somit als Stärkekörner.

Im *Polarisationsmikroskop* erweisen sich nur die als Stärkekörnchen identifizierten Teilchen als doppelbrechend.

Im *unverdünnten Präparat* ergeben sich dieselben Teilchenarten wie im verdünnten Präparat. Die Primärteilchen scheinen quantitativ zu Sekundärteilchen zusammengelagert zu sein.

Das *Präparat* wurde in ganz besonders sorgfältiger Weise auf dem Objektträger verrührt. Es ließ sich sehr leicht homogen aufschlämmen.

2. Albol-Erba.

Im *Dunkelfeld* sieht man wenige in mäßiger Brownscher Bewegung befindliche Teilchen, die wohl nur zum Teil kolloiden Dimensionen angehören, daneben gröbere, träg bewegliche Teilchen von schätzungsweise 1 μ Größe und mehr. Das Präparat macht einen ausgesprochen polydispersen Eindruck, der noch durch das schlechte graue Dunkelfeld verstärkt wird.

Hellfeld. Es finden sich keine Primärteilchen, dagegen Flocken bis zu 280 μ, die teils einen kompakten, teils einen lockeren Eindruck machen. Außerdem finden sich unregelmäßig geformte gelbe bis braune Bestandteile bis zu 31 μ Größe. Drittens finden sich merkwürdige, flächenhaft angeordnete Konglomerate von Primärteilchen, die bis zu 130 μ im Quadrat betragen können.

Polarisationsmikroskop. Unter gekreuzten Nicols findet eine geringe Aufhellung statt.

Im *unverdünnten Präparat* haben die Sekundärteilchen eine ziemlich gleichmäßige Größe von etwa 7,8 μ; die im verdünnten Präparat bemerkten gelben Partikel finden sich auch hier. Außerdem finden sich vereinzelt blaue Farbstoffkörner von durchschnittlich 7,8 μ Größe.

3. Biox.

Dunkelfeld. Neben einzelnen größeren in träger Brownscher Bewegung befindlichen Teilchen sieht man eine große Zahl von Ultramikronen in lebhafter Brownscher Bewegung.
Hellfeld. Sehr gleichmäßiges Präparat. Massenweise Primärteilchen in Bewegung von Strichdicke abwärts. Zweitens Sekundärteilchen bis zu 7,8 μ Größe.
Polarisationsmikroskop. Nur wenige, anscheinend homogene Körner leuchten bei gekreuzten Nicols schwach auf.
Unverdünntes Präparat. Es finden sich außer den im verdünnten Präparat festgestellten Teilchen unregelmäßig geformte Krystalle von einer durchschnittlichen Größe von 15,5—26,0 μ.

4. Biox-Trocken.

Im *Dunkelfeld* sieht man einzelne kleine Teilchen, die keine Brownsche Bewegung zeigen. Die Häufigkeit der Teilchen ist etwa die gleiche wie die der im Hellfeld sichtbaren.

Im *Hellfeld* sieht man stäbchenförmige Teilchen: Länge 10,4—15,6 μ; Dicke: Strichdicke bis 1,3 μ; die nadelförmigen Teilchen sind seltener als bei Biox-Ultra.

Zweitens finden sich längliche Tafeln von 26 μ Länge und 4,6 μ Breite von rechteckiger Gestalt. An diesen Teilchen haften eine große Anzahl anscheinend runder Teilchen an. Auch diese Teilchen sind nicht sehr häufig. Hervorzuheben ist die scharfkantige Begrenzung der Teilchen.

Drittens finden sich annähernd runde Teilchen von etwa 1,3—2,0 μ Durchmesser, die offenbar als Primärteilchen anzusehen sind.

Viertens erblickt man zahlreiche Sekundärteilchen von erheblicher Größe (etwa bis zu 39 μ). Die Größe der sie bildenden Primärteilchen ist schwer zu ermitteln. Sie dürften nicht unter 2,0 μ Durchmesser haben.

Im *Polarisationsmikroskop* erweisen sich die unter 3 angeführten, annähernd runden Teilchen als doppelbrechend. Die übrigen noch vorhandenen Gebilde sind nicht doppelbrechend.

5. Biox-Ultra.

Im *Dunkelfeld* sieht man außerordentlich zahlreiche kolloide Teilchen in lebhafter Brownscher Bewegung. Die kolloiden Teilchen zeigen zum Teil das Funkelphänomen.

Im *Hellfeld* sieht man drei verschiedene Arten von Teilchen. Erstens finden sich Teilchen von annähernd Stäbchen- oder Nadelform. Die Nadeln sind an den Ecken (wahrscheinlich regelmäßig) zugespitzt. Diese Nadeln sind meist 1,3—4,0 μ lang; vereinzelt kommen auch nadelförmige Gebilde von 13—15,6 μ Länge vor. Die Nadeln sind meist 0,5 μ dick. Zweitens kommen klumpenförmige Sekundärteilchen von verschiedener Größe vor; meist bestehen sie aus 5—30 Primärteilchen, die bis zu 1,3 μ groß sind; die Größe der Sekundärteilchen scheint von der Art des Anrührens abzuhängen. Es finden sich auch größere Gebilde, die ihrerseits aus mehreren Sekundärteilchen bestehen. Drittens finden sich feine Primärteilchen von Strichdicke, die in träger bis lebhafter Brownscher Bewegung sich befinden.

Im *Polarisationsmikroskop* erweisen sich die Teilchen, soweit man es bei der Kleinheit feststellen kann, als nicht doppelbrechend.

Im *unverdünnten Präparat* finden sich außer den oben erwähnten 3 Arten von Teilchen große Krystalltafeln, deren maximale Länge bis zu 46 μ beträgt; die Tafeln haben nicht rechtwinklige Ecken; im Polarisationsmikroskop erweisen sie sich als nicht doppelbrechend.

6. Bombastus.

Im *Dunkelfeld* sieht man zahlreiche Teilchen in träger und relativ wenig Teilchen in lebhafter Brownscher Bewegung. Das Präparat ist ausgesprochen polydispers.

Im *Hellfeld* sieht man wenig feine Teilchen in Brownscher Bewegung. Die meisten Teilchen sind etwa 1,7 μ groß; sie sind zu ziemlich gleichmäßigen, lockeren Aggregaten vereinigt, die 8—10 μ groß sind.

Im *Polarisationsmikroskop* findet bei gekreuzten Nicols eine geringe Aufhellung statt.
Im *unverdünnten Präparat* sieht man dieselben Teilchenarten wie im verdünnten.

7. *Bombastus-Pulver*.

Im *Dunkelfeld* sieht man sehr viele stark bewegliche, teilweise flimmernde Teilchen, offenbar Kolloide, in sich ziemlich isodispers; daneben gröbere Teilchen, meist unbeweglich, teilweise rot gefärbt. Zahlenmäßig sind die Kolloide ungeheuer viel häufiger als die Teilchen anderer Größenordnung, der Masse nach sind sie verschwindend.

Hellfeld. Es finden sich eine große Anzahl sehr gleichmäßiger Teilchen von etwa $0,7\ \mu$ in erheblicher Brownscher Bewegung. Es scheint sich im wesentlichen um Primärteilchen zu handeln, die bis zu $2,5\ \mu$ und darüber Größe haben. Die Teilchen erscheinen oval. Außerdem finden sich Sekundärteilchen, die in der Hauptsache aus 2—3 Primärteilchen bestehen. Drittens finden sich im Gesichtsfeld mehrere größere Konglomerate bis zu $78\ \mu$ Größe, die teilweise einen geschlossenen, kompakten Eindruck machen, teilweise aus kettenförmig aneinanderhängenden Primär- und Sekundärteilchen bestehen. Viertens finden sich rote Farbstoffteilchen in geringer Anzahl in dem Präparat.

Im *Polarisationsmikroskop* finden sich keine doppelbrechenden Teilchen.

8. *Chlorodont*.

Dunkelfeld. Man sieht wenige, ungleichmäßig große Teilchen in kolloider Dimension, meist in träger Brownscher Bewegung, zum Teil funkelnd. Es sind nicht mehr kolloide Teilchen vorhanden, als bei gewöhnlichen Zerkleinerungsprozessen entstehen.

Im *Hellfeld* sieht man längliche Primärteilchen von Strichdicke bis $1,3\ \mu$. Meist in Konglomeraten zusammenliegend, die bis zu $130\ \mu$ groß sind. Das Präparat macht einen sehr gleichmäßigen Eindruck.

Polarisationsmikroskop. Unter den gekreuzten Nicols leuchten die Teilchen schwach auf.

Im *unverdünnten Präparat* finden sich Krystalltafeln von durchschnittlich $39\ \mu$ Kantenlänge. Es finden sich keine freien Primärteilchen.

9. *Eudol*.

Dunkelfeld. Zwischen Sekundärteilchen aller Größen befinden sich nur vereinzelt Teilchen in mäßig schneller Brownscher Bewegung. Der Kolloidgehalt ist auffallend niedrig.

Hellfeld. Es finden sich erstens auf dem Boden des Präparates liegend wenig Primärteilchen von Strichdicke aufwärts bis etwa $5,2\ \mu$ Größe. Zweitens findet man längliche Krystalle, die durchschnittlich $15,5\ \mu$ lang und $2,5\ \mu$ breit sind; drittens Konglomerate bis zu $130\ \mu$ Größe, die aus derartigen Primärteilchen bestehen; viertens stark lichtbrechende rundlich geformte Teilchen, die in einer tieferen Ebene liegen als die meisten Primär- und Sekundärteilchen.

Polarisationsmikroskop. Die Teilchen zeigen unter den gekreuzten Nicols Bilder, wie man sie vom flüssigen Krystall gewöhnt ist, nämlich kreuzförmige Auslöschungen, wobei die eine Gerade des Kreuzes in der Längsrichtung der oval erscheinenden Teilchen orientiert ist. Bei Druck auf das Deckglas schwimmen diese Gebilde infolge der entstehenden Strömung weg, ändern aber hierbei anscheinend nicht ihre Gestalt.

Im *unverdünnten Präparat* finden sich keine Primärteilchen, sonst ist das Aussehen wie im verdünnten Präparat.

10. *Irex-Pulver*.

Dunkelfeld. Nur vereinzelt sieht man einige in Brownscher Bewegung befindliche Teilchen. Das Dunkelfeld ist grau, was immerhin die Annahme höchstdisperser Teilchen gerechtfertigt erscheinen läßt.

Im *Hellfeld* sieht man einzelne Primärteilchen von durchschnittlich Strichdicke bis $0,9\ \mu$. Meist sind sie in größeren Verbänden vorhanden. Die so entstandenen Konglomerate machen einen sehr lockeren Eindruck. Kompakte Massen sind nicht vorhanden. Hin und wieder finden sich nadelförmige Krystalle, $21\ \mu$ lang, $2,5—4,0\ \mu$ breit.

Polarisationsmikroskop. Unter gekreuzten Nicols leuchten einige Teilchen hell auf. Diese machen schätzungsweise nicht mehr als Bruchteile von Prozenten der Gesamtteilchen aus.

11. *Kaliklor-Valli*.

Dunkelfeld. Neben großen Sekundärteilchen, die zum Teil scharfkantig und gelb gefärbt erscheinen, befinden sich wenige feine und feinste Teilchen, die sich nur zum Teil in träger Brownscher Bewegung befinden. Graue, wolkenartige Färbungen des Dunkelfeldes deuten eventuell auf die Anwesenheit eines höchst dispersen, ultramikroskopisch nicht auflösbaren Anteiles.

Hellfeld. Es finden sich wenig isolierte Primärteilchen, diese sind in lebhafter Brownscher Bewegung. Die meisten liegen in großen lockeren Konglomeraten zusammen. Die Primärteilchen haben etwa eine Größe von etwa Strichdicke.

Polarisationsmikroskop. Wenige, anscheinend sehr kleine doppelbrechende Teilchen.

Unverdünntes Präparat. Analog dem verdünnten Präparat; es finden sich größere, bis etwa $39\,\mu$ große krystallinische Massen, die stark doppelbrechend sind.

12. Kaliklora.

Dunkelfeld. Keine Ultramikronen. Bei einzelnen grobdispersen Teilchen sieht man eine außerordentlich geringe Brownsche Bewegung, bei der die rotatorische Komponente überwiegt.

Hellfeld. Es finden sich einzelne Primärteilchen, teilweise in träger Brownscher Bewegung, Größe: Strichdicke; zweitens längliche, anscheinend krystalline Teilchen von Strichdicke und $2{,}5$—$8\,\mu$ Länge, die zum Teil zu sternförmigen Krystallaggregaten verwachsen sind. An den häufigen Konglomeraten, die bis zu $21\,\mu$ Größe haben, beteiligen sich sowohl diese Nadeln, als auch die kleinen runden Primärteilchen.

Polarisationsmikroskop. Einige Teilchen sind deutlich doppelbrechend, diese haben im Hellfeld ein gelbliches Aussehen.

Unverdünntes Präparat. Derselbe Befund wie im verdünnten Präparat.

13. Kaliklora-Pulver.

Dunkelfeld. Neben sehr grobdispersen Sekundärteilchen erblickt man eine größere Anzahl Kolloide in lebhafter Brownscher Bewegung. Das Dunkelfeld ist grau; das System macht einen ausgesprochen polydispersen Eindruck. Der Kolloidgehalt ist reichlicher als z. B. nach den üblichen Mahlverhältnissen zu erwarten ist.

Hellfeld. Es finden sich relativ wenige Primärteilchen, die etwa bis zu $4{,}0\,\mu$ Größe haben; einzelne stark lichtbrechende Teilchen bis zu $6{,}5\,\mu$ sind vorhanden. Das Gesichtsfeld wird beherrscht von Konglomeraten, die teilweise rund, teilweise zackig und kettenförmig aussehen und bis zu $550\,\mu$ Größe haben. Diese Sekundärteilchen scheinen durch Druck auf das Deckglas nur schwer zu dispergieren zu sein.

Polarisationsmikroskop. Die Teilchen sind zum Teil doppelbrechend.

14. Kalodont.

Dunkelfeld. Neben größeren Brocken erblickt man sehr viele Teilchen in der Größenordnung $0{,}2\,\mu$ in lebhafter Brownscher Bewegung; gegenüber den grobdispersen Anteilen sind die Kolloide sehr häufig. Brownsche Bewegung sehr lebhaft.

Hellfeld. Erstens sehr viele, sehr gleichmäßige isolierte Primärteilchen in lebhafter Brownscher Bewegung, etwa $1{,}3\,\mu$ groß. Zweitens größere Konglomerate, die einen ziemlich homogenen Eindruck machen. Drittens stark lichtbrechende hexagonale Krystalle.

Polarisationsmikroskop. Die oben erwähnten Krystalle erscheinen unter gekreuzten Nicols rötlich, sonst sehr wenig aufleuchtende Teilchen.

Unverdünntes Präparat. Derselbe Befund wie im verdünnten Präparat; die Primärteilchen zeigen keine Brownsche Bewegung.

15. Kolynos.

Dunkelfeld. Neben vielen gleichmäßig großen, wahrscheinlich Sekundärteilchen, finden sich eine große Anzahl anscheinend gleichmäßig feiner Teilchen in Brownscher Bewegung. Außerdem findet sich ein feindisperser Anteil stäbchenförmiger Teilchen darin, die das Funkelphänomen zeigen.

Hellfeld. Unregelmäßige, kleine längliche Primärteilchen in träger Brownscher Bewegung; viele kommaförmige Teilchen. Größere Konglomerate bis zu $39\,\mu$. Diese Konglomerate machen einen durchaus kompakten Eindruck, sie stellen keine Sekundärteilchen dar. Einzelne büschelweise zusammenliegende Krystallnadeln von etwa 31 μ Länge und 2,5 μ Breite sind zu bemerken. Die erwähnten großen Gebilde sind nicht scharfkantig.

Polarisationsmikroskop. Die großen Gebilde sind doppelbrechend, die übrigen Teilchen nicht.

Unverdünntes Präparat. Derselbe Befund wie im verdünnten Präparat.

16. Kosmodont.

Im *Dunkelfeld* sieht man außerordentlich zahlreiche Teile in lebhafter Brownscher Bewegung, zum Teil funkelnd. Das Präparat macht einen außerordentlich gleichmäßigen Eindruck. Es scheint der kolloide Anteil relativ größer zu sein als bei Biox-Ultra.

Hellfeld. Es finden sich keine Primärteilchen. Größere Konglomerate von Sekundärteilchen, die anscheinend sehr fest zusammenhängen. Außerdem finden sich durchsichtige Krystallteile bis zu 78 μ Größe, die einen sehr scharfkantigen Eindruck machen; außerdem sehr stark lichtbrechende Gebilde, ähnlich denen in Eudol.

Polarisationsmikroskop. Die großen Krystalle sind nicht doppelbrechend, auch unter den zu Sekundärteilchen vereinigten Primärteilchen finden sich keine doppelbrechenden, dagegen zeigen die rundlichen Gebilde dieselben Brechungserscheinungen wie beim Eudol.

Unverdünntes Präparat. Neben den im verdünnten Präparat festgestellten Teilchen finden sich hexagonale Krystalle von einer durchschnittlichen Teilchengröße von 39 μ.

17. Kosmodont-Pulver.

Im *Dunkelfeld* sieht man vereinzelte ziemlich grobe funkelnde Teilchen neben sehr geringen Kolloidanteilen. Das Dunkelfeld sieht grau aus.

Hellfeld. Erstens rundliche Teilchen von Strichdicke bis 2,5 μ, die letzteren sind die häufigeren. Zweitens Konglomerate bis zu 13 μ Größe, die aus derartigen Primärteilchen bestehen. Drittens längliche Krystalle von 15,5—21 μ Länge und 5—8 μ Dicke; einzelne solcher Krystallnadeln haben bis 130 μ Länge.

Polarisationsmikroskop. Man bemerkt einzelne unter den gekreuzten Nicols aufleuchtende Teilchen.

18. Mouson.

Dunkelfeld. Neben gröberen Sekundärteilchen, die eine auffällig konstante Größe haben, befinden sich größere Teilchen in Brownscher Bewegung; daneben bemerkt man sehr feine kolloide Teilchen, die zum Teil funkeln. Das System ist ausgesprochen kolloiddispers.

Hellfeld. Einige feine Teilchen in träger Brownscher Bewegung; die Teilchen sind auffällig stark lichtbrechend. Die Form der Teilchen ist zum Teil länglich, stäbchenförmig, zum Teil rund. Es finden sich zweitens Sekundärteilchen, die ziemlich gleichmäßige Größe haben und aus 3—6 Primärteilchen zu bestehen scheinen. Auch diese zeigen noch geringe Brownsche Bewegung. Außerdem finden sich drittens große Aggregate, von denen nicht ohne weiteres zu entscheiden ist, ob es sich um Sekundärteilchen handelt. Diese haben 13—18,2 μ Größe.

Im *Polarisationsmikroskop* bemerkt man keine doppelbrechenden Teilchen.

Unverdünntes Präparat. Beim Zerdrücken des konzentrierten Präparates tritt Wasser aus. Die Primärteilchen liegen sämtlich zu größeren Aggregaten vereinigt zusammen. Keine Brownsche Bewegung.

19. Odol.

Dunkelfeld. Man sieht viele Teilchen in der Größe von etwa 1 μ in sehr träger Brownscher Bewegung. Viele kleinere Teilchen befinden sich in lebhafter Brownscher Bewegung. Auch diese erscheinen in sich isodispers. Das Dunkelfeld ist grau: Hinweis auf einen mit der verwendeten Optik nicht mehr auflösbaren höchstdispersen Anteil.

Hellfeld. Es finden sich offenbar 3 Arten von Teilchen, nämlich kleine runde bis längliche Teilchen von Strichdicke bis zu 1,3 μ Größe in träger Brownscher Bewegung. Zweitens Krystallnadeln von sehr gleichmäßiger Größe, 21 μ lang und 4 μ breit. Drittens größere gelbliche Aggregate, die aus kleineren Teilchen bestehen. Man sieht auffallend wenig derartiger Sekundärteilchen.

Polarisationsmikroskop. Nur einzelne Teilchen zeigen Aufhellung unter den gekreuzten Nicols.

Im *unverdünnten Präparat* sind die Nadeln bis zu 65 µ groß. Es finden sich auch breite Krystalltafeln, die etwa 21 mal 39 µ groß sind. Im übrigen ist das Präparat wie das verdünnte, jedoch zeigt sich keine Brownsche Bewegung.

20. Pebeco.

Im *Dunkelfeld* finden sich nicht sehr zahlreiche kolloide Teilchen, zum kleinen Teil in lebhafter Brownscher Bewegung. Meist liegen sie ruhig. Kein Funkelphänomen.

Hellfeld. Erstens sieht man längliche Teilchen, beiderseitig zugespitzt; 2,6—5,2 µ lang, zum Teil zu Schwalbenschwänzen vereinigt. Zweitens rundliche Teilchen von etwa 2,6 µ Größe in schwacher Brownscher Bewegung, bei der die rotatorische Komponente überwiegt. Drittens Sekundärteilchen und größere Konglomerate, die unregelmäßig geformt sind, einen kompakten Eindruck machen und etwa 13—18,2 µ groß sind. Das Präparat macht einen ausgesprochen polydispersen Eindruck. Fast sämtliche Teilchen machen einen scharfkantigen Eindruck.

Polarisationsmikroskop. Die runden Teilchen und ein Teil der länglichen Teilchen zeigen deutliche Aufhellung, die größeren unregelmäßigen Konglomerate sind schwach doppelbrechend.

Im *unverdünnten Präparat* fällt es auf, daß wenig von den großen Aggregaten zu sehen ist, dagegen die länglichen Teilchen eine gewisse strukturelle Anordnung haben.

21. Po-Ho.

Im *Dunkelfeld* sieht man ganz wenige, außerordentlich feine Teilchen in Brownscher Bewegung.

Hellfeld. (Das Präparat war nur nach vorheriger, unter starkem Schütteln erfolgender Aufschlämmung im Reagensglas der Untersuchung zugängig zu machen.) Es finden sich die verschiedenartigsten Teilchenformen nebeneinander. Erstens Krystallnadeln durchschnittlich 13 µ lang und 2,6 µ breit; zweitens unregelmäßige Krystalltrümmer, etwa 7,8 µ Kantenlänge. Drittens Krystalldetritus von Strichdicke bis 8—10 µ Größe. Ausgesprochen polydispers.

Das *unverdünnte Präparat* läßt sich nicht untersuchen, da die Paste hart und trocken ist.

Im *Polarisationsmikroskop* findet unter den gekreuzten Nicols keine Aufhellung statt.

22. 4711.

Dunkelfeld. Sehr gleichmäßige feinste Teilchen in lebhafter Brownscher Bewegung, nur zum Teil funkelnd. Ziemlich polydispers, auch größere Teilchen bis zu einigen Mikra Größe in träger Brownscher Bewegung. Das System macht einen außerordentlich hochdispersen Eindruck.

Hellfeld. Man sieht keine Primärteilchen. Die gesamte Masse hängt in großen vielgestaltigen Aggregaten zusammen. Die Primärteilchen, die diese Flocken bilden, scheinen teilweise länglich zu sein, wobei die Stäbchendicke etwa Strichdicke entspricht. Im übrigen läßt sich eine genaue Bestimmung nicht ausführen.

Polarisationsmikroskop. Es konnte keine wesentliche Aufhellung festgestellt werden.

Im *unverdünnten Präparat* derselbe Befund wie im verdünnten Präparat.

23. Solvolith.

Im *Dunkelfeld* sieht man nicht sehr viele kolloide Teilchen in meist träger Brownscher Bewegung. Infolge zahlreicher grobdisperser Sekundärteilchen ist das Dunkelfeld so stark gestört, daß man nur an einem auszentrifugierten Präparat bindende Schlüsse zulassende Beobachtungen machen kann.

Im *Hellfeld* sieht man im wesentlichen 3 Arten von Teilchen. Erstens große krystalline Gebilde, die zum Teil tafelförmig erscheinen. Diese haben etwa 275 µ Länge und 93—150 µ Breite (Objektiv 3). Einige der krystallinen Gebilde haben annähernd Würfelform (zum Teil mit abgestumpften Ecken). Diese Teilchen sind teilweise rot gefärbt.

Zweitens finden sich Sekundärteilchen; diese sind meist langgestreckt, im Durchschnitt 275—370 µ groß, doch kommen auch solche bis zu 1300 µ vor. Die Primärteilchen in diesen sind von Strichdicke bis 9,2 µ, zum Teil machen sie krystallinen Eindruck.

Drittens finden sich sehr vereinzelt freiliegende Primärteilchen von der bezeichneten Größe. Diese haben meist eine langgestreckte Gestalt. Ovale helleuchtende Teilchen erweisen sich durch die Jodreaktion als Stärketeilchen.

Im *Polarisationsmikroskop* erweist sich nur ein Teil der Primärteilchen als doppelbrechend. Die Achsen maximaler Extinktion stehen annähernd senkrecht aufeinander.

Das *unverdünnte Präparat* trennt sich in einen pastenförmigen und einen flüssigen Anteil, in letzterem finden sich alle die Teilchenarten, die im verdünnten Zustand beschrieben worden sind. Im Pastenanteil fallen die sehr großen stark rot gefärbten Krystalle auf. Große Salzkrystalle, die das einigermaßen gleichmäßige Grau des Pastenbildes durchsetzen, erweisen sich als 555—740 μ groß.

Das Präparat läßt sich auf dem Objektträger trotz gründlichen Verrührens nicht homogen aufschlämmen.

24. Calciumkarbonat.

Dunkelfeld. Sehr gleichmäßiges grobdisperses Material. Das Dunkelfeld ist leicht grau, jedoch zeigen sich keine Teilchen in Brownscher Bewegung.

Hellfeld. Anscheinend ziemlich homogene Primärteilchen von etwa 0,9 μ Größe, die schwache Brownsche Bewegung zeigen. Diese sind zum Teil zu Sekundärteilchen zusammengetreten, die etwa 39 μ im Maximum groß sind. Das Präparat macht einen recht gleichmäßigen Eindruck bezüglich seiner Primärteilchen.

Im *Polarisationsmikroskop* sieht man einige doppelbrechende Teilchen, die aber sehr spärlich auftreten.

25. Magnesia usta.

Im *Dunkelfeld* sieht man wenige relativ große Teilchen in träger Brownscher Bewegung.

Hellfeld. Erstens finden sich Konglomerate bis zu 91 μ, die teilweise rund sind und aus denen scharfkantige Nadeln hervorsehen. Zweitens finden sich eine große Anzahl nadelförmiger Krystalle bis zu 130 μ Länge und 8—10 μ Breite, die einen besonders scharfkantigen Eindruck machen. Drittens ist Krystalldetritus vorhanden, dessen Teilchen von Strichdicke bis zu der Größe ausgewachsener Nadeln schwanken.

Im *Polarisationsmikroskop* bemerkt man keine doppelbrechenden Teilchen.

26. Bimsstein.

Im *Dunkelfeld* sieht man nadelförmige, stark bewegliche, merkwürdige Lichterscheinungen auslösende Teilchen, zum Teil stark funkelnd. Wenn das Präparat zur Ruhe gekommen ist, zeigen sich relativ wenige Teilchen in Brownscher Bewegung, diese ist meist träge. Es finden sich jedoch daneben auch ausgesprochen kolloide Teilchen in lebhafter Brownscher Bewegung. An einzelnen Stellen des Präparates sind diese Teilchen in sehr großer Anzahl vorhanden. Unter Berücksichtigung der Teilchenzahl ist das Verhältnis der Kolloide zu den grobdispersen Teilchen etwa wie 1000 : 1. Unter Berücksichtigung der erheblichen Ausdehnung der grobdispersen ist das Verhältnis quoad Volumen etwa umgekehrt.

Hellfeld. Es finden sich Krystallstücke bis zu 78 μ Größe mit allen Übergängen bis zu Teilchen von 0,7 μ Größe, die im Hellfeld eine geringe Brownsche Bewegung zeigen. Die Krystallstücke sind zum Teil vollständig, zum Teil an einzelnen Stellen braun gefärbt. Neben den tafelförmigen Krystallstücken, bei denen die dreieckige Form vorherrscht, finden sich auch Krystallnadeln bis zu 78 μ Länge.

Im *Polarisationsmikroskop* finden sich keine doppelbrechenden Teilchen in nennenswerter Anzahl.

Die Ergebnisse der mikroskopischen Untersuchungen sind in gedrängter Form noch einmal in Tab. 15 zusammengefaßt worden.

Tabelle 15. *Ergebnisse der mikroskopischen Untersuchung.*

Präparat	Dunkelfeld	Hellfeld	Pol. Mikr.	Unverd. Präp.
Albin	Träge B.B.	Nadeln 2,6 μ lg. Nadeln 6,5 μ lg. S.T. 7,8 μ gr.	dpb. Stärkekörnchen	
Albol-Erba	Träge B.B. T. von 1 μ und mehr	Fl. bis zu 277 μ; braune T. bis zu 31,2 μ. Kgl. bis zu 130 μ.	Geringe Aufhellung bei gekr. Nic.	S.T. von 7,8 μ blaue Farbstoffkörner von 7,8 μ
Biox	Viele U.M.	Massenhaft Pr.T. in B.B. S.T. bis 7,8 μ	Einige dpb. T.	Krystalle von 15,5 bis 26,0 μ
Biox-Trocken	Keine B.B.	Stäbchen: 10,5 bis 15,6 μ lg.; bis 1,3 μ dick. Tafeln: 26 μ lg.; 4,6 μ br. Pr.T.: 1,3—2,0 μ; ø. S.T. bis 39 μ	Pr.T. sind dpb.	
Biox-Ultra	Viele kld. T. in lebhafter B.B.; z. T. funkelnd	Regelmäßig zugespitzte Nadeln: 1,3 bis 4 μ lg., 0,5 μ dick. Einzelne Nadeln von 13 bis 15,6 μ Lge. S.T. aus 5—30 Pr.T. Kleine Pr.T. in lebhafter B.B.	Keine dpb. T.	Große Krystalltafeln bis 46 μ Kantenlänge
Bombastus	Viele T. in träger B.B.	T. von 1,7 μ Gr. vereinigt zu lockeren Agg. von 8—10 μ Gr.	Geringe Aufhellung bei gekr. Nic.	Dasselbe
Bombastus-Pulver	Viele Kld. in starker B.B. Gröbere rote T.	Viele sehr gleichmäßige T. von 0,7 μ in erheblicher B.B. bis zu 2,6 μ Gr. S.T. aus 2—3 Pr.T Kgl. bis 78 μ	Keine dpb. T.	
Chlorodont	Wenig kld. T. in träger B.B.	Längliche Pr.T. bis 1,3 μ. In Kgln. bis 130 μ	Bei gekr. Nic. schwaches Aufleuchten	Krystalltafeln von 39 μ Kantenlänge
Eudol	Wenig Kolloide.	Pr.T. bis 5,2 μ. Längliche Krystalle 15,6 μ lg., 2,6 μ br. Kgl. bis 130 μ. Stark lichtbr. runde Teilchen	Kreuzförmige Auslöschungen wie beim flüssigen Krystall	Keine Pr.T.
Irex	Wenig T. in B.B. Dunkelfeld ist grau	Einzelne Pr.T. bis 0,9 μ. Meist in lokkeren Kgln. Einzelne nadelfeine Krystalle: 21 μ lg., 3 μ br.	Einige T. (Bruchteile von Prozenten) leuchten bei gekr. Nic. auf.	

Tabelle 15 (Fortsetzung).

Präparat	Dunkelfeld	Hellfeld	Pol. Mikr.	Unverd. Präp.
Kaliklor-Valli	Gr. scharfkantige S.T. Wenige feine T. in träger B.B. Dunkelfeld ist grau, wolkig	Wenig isolierte Pr.T. in lebhafter B.B. Meist in gr. lockeren Kgln.	Wenige sehr kleine dpb. Teilchen	Stark dpb. krystalline Massen bis 39 μ
Kaliklora	Keine U.M.	Einzelne Pr.T. teilweise in träger B.B Länglich-krystallinische T. 2,6 bis 7,8 μ lg. Kgl. bis 21 μ aus beiden T.-Arten	Einzelne im Hellfeld gelbliche T. sind doppelbrechend	Dasselbe
Kaliklora-Pulver	Sehr grobdisp. S.T. Kld. in lebhafter B.B. Dunkelfeld grau. Polydispers.	Wenig Pr.T. bis 4 μ Gr. Einzelne stark lichtbrechende T. bis 6,5 μ. Polymorphe Kgl. bis 555 μ	T. sind z. T. doppelbrechend	
Kalodont	*Sehr* viele T. von etwa 0,2 μ in sehr lebhafter B.B.	Sehr viele, sehr gleichmäßige isolierte Pr.T. in lebhafter B. B., etwa 1,3 μ gr. Größere homogene Kgl. Stark lichtbrechende hexagonale Krystalle	Die Krystalle sind bei gekr. Nic. rötlich	Dasselbe
Kolynos	Viele gleichm. gr. S.T. Viele gleichmäßig feine T. in B.B. Feindisp. stäbchenförm. T. mit Funkelphänomen	Kleine Pr.T. in träger B.B. Viele kommaf. T. Kompakte Kgl. bis 39 μ. Krystallnadeln in Büscheln von 31 μ Lg., 2,5 μ Br.	Die Kgl. sind dpb.	Dasselbe
Kosmodont	Sehr zahlr. T. in lebhafter B.B., z. T. funkelnd. Sehr gleichmäßig	Keine Pr.T. Gr.Kgl. von S.T. Durchsichtige Krystallteile bis 7,8 μ Gr., sehr scharfkantig. Stark lichtbrechende T.	Die lichtbrechenden T. zeigen dieselben Brechungserscheinungen wie beim Eudol	Hexagonale Krystalle von ø 39 μ
Kosmodont-Pulver	Einzelne grobe funkelnde T. Geringe Kld.-Anteile. Dunkelfeld grau	1. rundl. T. bis 2,6 μ, 2. Kgl. bis 13 μ aus 1. best., 3. längl. Krystalle, 16 bis 21 μ lg., 5—8 μ dick. Einzelne bis 130 μ Lge.	Einzelne bei gekr. Nic. aufleuchtende T.	

Tabelle 15 (Fortsetzung).

Präparat	Dunkelfeld	Hellfeld	Pol. Mikr.	Unverd. Präp.
Mouson	Gröbere S.T. von konst. Gr. Größere T. in B.B. Sehr feine Kld. T. z. T. funkelnd. Ausgespr. kld.-dispers.	1. Feine T. in träger B.B. Stark lichtbrechend. Form verschieden. 2. S. T. von gleichm. Gr. aus 3—6 Pr.T. Geringe B.B. 3. Gr. Agg. 13—18,2 μ	Keine dpb.T.	Keine B.B. Pr.T. in Konglomeraten vereinigt
Odol	Viele T. von etwa 1 μ in sehr träger B.B. Viele kleinere in lebh. B.B. Beide in sich isodisp. Dunkelfeld ist grau	1. Runde bis längl. T. bis 1,3 μ. 2. Krystallnadeln, sehr gleichm.gr.,21μ lg., 4μ br. 3. Gelbl. Agg. aus kleineren T. bestehend. Sehr wenig solcher Sek.T.	Nur einzelne T. zeigen Doppelbrechung	Die Nadeln sind bis 65 μ gr. Im übrigen wie das verd. Präparat, jedoch keine B.B.
Pebeco	Wenig kld. T., z. T. in lebh. B.B.	1. Längl. T. beiderseitig zugespitzt: 2,6—5,2 μ lg. 2. runde T., etwa 2,6 μ ⌀ in schwach. B.B. 3. S.T. kompakt, unregelm. 13—18 μ. Fast alle T. scharfkantig	1. und 2. zeigen deutliche Aufhellung. 3. ist schwach dpb.	Von den großen Agg. ist nur wenig zu sehen
Po-Ho	Sehr wenig außerordentlich feine T. in B.B.	Sehr schlecht aufschlämmbar. 1. Krystallnadeln: 13 μ lg., 2,6 μ br. 2. Unregelm. Krystalltrümmer etwa 8 μ Kantenlänge. 3. Krystalldetritus bis 10 μ. Gr. Polydispers.	Keine Aufhellung	Nicht zu untersuchen, da Paste hart und trocken
4711	Sehr gleichm. feinste T. in lebh. B.B. Macht einen außerordentl. hochdisp. Eindruck	Keine Pr.T. Alles in gr. Aggregaten	Keine wesentliche Aufhellung	Wie im verdünnten Präparat
Solvolith	Wenig kld. T. in träger B.B.	1. Gr. krystalline Gebilde, z. T. tafelförmig, 275 μ lg., 92—150 μ br., z. T. annäh. würfelf. 2. S.T. meist lgl. 275 bis 370 μ, auch bis 1290 μ. Die sie bildenden Pr.T. sind bis 9 μ gr. 3. Vereinzelt Pr.T. bis 9μ. 4. Ovale hellleuchtende Stärketeilch.	Nur teilweise dpb.	1. Pastenförmiger und 2. flüssiger Anteil. In 1. gr. rote Krystalle. In 2. gr. Salzkrystalle von 550—740 μ Gr.

Tabelle 15 (Fortsetzung).

Präparat	Dunkelfeld	Hellfeld	Pol. Mikr.	Unverd. Präp.
Calciumcarbonat	Sehr gleichm. grobdisp. Mater. Keine B.B. Dunkelfeld leicht grau	Homogene Pr.T. von etwa 0,9 μ in schwacher B.B. z. T. zu S.T. von 39 μ max. vereinigt. Gleichmäßiges Präp. bezügl. der PrT.	Sehr spärliche dpb. T.	
Magnesia usta	Wenige größere T. in träger B.B.	1. Kgl. bis 91 μ mit scharfen Nadeln. 2. Viele nadelf. Krystalle bis 130 μ lg., 8—10 μ br., sehr scharfkantig. 3. Krystalldetritus	Keine dpb. T.	
Bimsstein	Nadelf. stark bewegl. T. Auch kld. T. in lebh. B.B. Verhältnis d. T.-Zahl d. Kld. zu den grobdisp. T. wie 1000 : 1. Verh. quoad Vol. etwa umgekehrt	Krystallstücke in allen Größen von 0,7—78 μ. Geringe B.B. z. T. braun gefärbt. Auch Krystallnadeln bis 80 μ Länge	Keine dpb. T.	

Abkürzungen: B.B. = Brownsche Bewegung; Pr.T. = Primärteilchen; S.T. = Sekundärteilchen; T. = Teilchen; Fl. = Flocken; Kgl. = Konglomerate; Kld. = Kolloid; U.M. = Ultramikronen; Agg. = Aggregate; gr. = groß; lg. = lang; br. = breit; dpb. = doppelbrechend; gekr. Nic. = gekreuzte Nicols; ∅ = durchschnittlich.

Zusammenfassung.

1. Es wurde gezeigt, daß die experimentellen Grundlagen, die bis jetzt zur Beurteilung eines Zahnreinigungsmittels zur Verfügung standen, unzureichend sind. Bei derartig polydispersen Systemen ist eine Bewertung des unzerlegten Gesamtpräparates in vitro nicht möglich.

2. Aus diesem Grunde müssen die Zahnpasten und -pulver in dispersoidologische Fraktionen zerlegt werden.

3. Die Voraussetzung hierfür ist die dispersoidanalytische Untersuchung. Unter den vielen hierfür bekannten Meßarten erwiesen sich für den vorliegenden Zweck nur die Methoden der Filtration, Sedimentation und Mikroskopie als brauchbar.

4. Es stellte sich heraus, daß die Zahnpasten und -pulver vor Beginn der Dispersoidanalyse einer Vorbehandlung unterworfen werden müssen, da sich viele Präparate bei dem zur Ausführung der meisten Untersuchungsarten notwendigen Verdünnen mit Wasser zu Sekundärteilchen aggregieren, deren Neubildung nicht vorhandene Verhältnisse vortäuscht und so zu einer falschen Beurteilung führt.

5. Die Methode der Filtration führt in diesem Falle nicht zu verwendbaren dispersoidanalytischen Ergebnissen, da der Einfluß der Dispergierbarkeit die an sich einwandfreien Ergebnisse der dispersoidanalytischen Filtration fehlerhaft überlagert.

6. Die genauesten Ergebnisse liefert die Sedimentationsanalyse. Durch graphische Auswertung der Fallkurven (Abszissenabschnitte der Secanten = Fallzeiten) und Berechnung der Ergebnisse nach dem Stokesschen Gesetz wurde der Dispersitätsgrad für je sechs Dispersoidfraktionen ermittelt, deren Summe die Geamtheit der dispersen Phase ergibt, nämlich von grob- nach feindispers fortschreitend 25% +25% + 25% + 10% + 10% +5% = 100%.

7. Die mikroskopische Ermittlung des Dispersitätsgrades ergab im wesentlichen Übereinstimmung mit den Resultaten der anderen Methoden. Diese bisher fast allein übliche Beurteilungsart des Dispersitätsgrades erwies sich im Vergleich mit den anderen Methoden als weitgehend unzureichend. Vergleiche auch S. 8.

8. Das auffälligste Resultat der vorliegenden Untersuchungen ist die Feststellung eines unerwartet hohen Kolloidgehaltes der meisten Zahnpasten.

9. Die vorliegenden Untersuchungen zeigen, daß in den Zahnpasten und -pulvern der grobdisperse Anteil, dessen Existenz allein bisher bekannt war, und auf den sich alle in der Literatur niedergelegten Beobachtungen beziehen, nur insofern von dispersoidologischer Bedeutung ist, als zu grobes Korn zur Zerstörung des Schmelzes führt. Dem hochdispersen Anteil, der hier erstmalig ermittelt worden ist, kommen andere, nicht minder wichtige Funktionen bei der Zahnreinigung zu, wie z. B. der Adsorptionseffekt und dgl.

10. Erst durch harmonisches Zusammenspiel aller dispersoidologischen Fraktionen erlangt ein Zahnreinigungsmittel die Eigenschaften, die man vom Standpunkte der Zahnpflege postulieren muß.

Literaturverzeichnis.

Die Literatur des III. Kapitels ist in Form von Fußnoten gebracht.

[1] *Walkhoff, O.*, Lehrbuch der konservierenden Zahnheilkunde. 2. Aufl., 48 (1922). — [2] *Mayer, E.*, Zahnärztl. Rdsch. **1928**, Nr 49. Spalte 2058; daselbst sind auch viele amerikanische und englische Arbeiten zitiert. — [3] *Walkhoff, O.*, loc. cit. S. 49. — [4] *Modi*, Indian dent. J. **1928**, H. 4. — [5] *Mc Gehee, W. H. O.*, J. amer. dent. Assoc. **1926**, H. 11. — [6] *Greve, H. Chr.*, Diagnostisch-therapeutisches Taschenbuch für Zahnärzte, 2. Aufl., 50ff. Frankfurt a. M. 1909. — [7] *Walkoff, O.*, loc. cit. S. 48, 52, 78. — [8] *Kantorowicz, A.*, Klinische Zahnheilkunde. Berlin 1926, 416. — [9] *Andresen, V.*, The physiological and artificial Mineralisation of the enamel. Oslo 1926. — [10] *Fabian, O.*, Zahnärztl. Rdsch. **1926**, H. 16, 269. — [11] *Kulka, M.*, Ebenda **1926**, H. 44, 757. — [12] *Stender, C.*, Zahnärztl. Rdsch. 1925, Nr 52; **1926**, Nr 48. — [13] *Kadner, A.*, Zahnärztl. Rdsch. **1926**, H. 51, 890. — [14] *Babini, R.*, Nuova Rassegna di Odontoiatria **1928**, Nr 3. — [15] *v. Hahn, F.-V.*, Zahnärztl. Rdsch. **1927**, H. 35. — [16] *Lorenz, E.*, Inaug.-Diss. Hamburg 1929. — [17] *Mc Gehee, W. H. O.*, loc. cit. — [18] *Mc Gehee, W. H. O.*, loc. cit. — [19] *Montefusco, A.*, Cultura stomatolog. **1925**, Nr 12. — [20] *Heymann, P.*, und *B. Rosenthal*, Zahnärztl. Rdsch. **1925**, Nr 18. — [21] *Pranschke, H.*, Zahnärztl. Rdsch. **1925**, Nr 51. — [22] *Heymann, P.*, Ebenda **1926**, Nr 2. — [23] *Bloch-Freudenheim, H.*, Ebenda **1926**, Nr 46. — [24] *Marks, M.*, Ebenda **1928**, Nr 18. — [25] *Schwarz, H.*, Drogenhändler **1927**, Nr 69. — [26] *Kobert*, zit. nach *Buri*, Münch. med. Wschr. **1904**, Nr 22. — [27] *Unna, P. G.*, Mh. Dermat. **17** (1893). — [28] *Buri*, Münch. med. Wschr. **1904**, Nr 22. — [29] *Bachem, C.* Münchn. med. Wschr. 1912, Nr 40. — [30] *Lucke*, Dermat. Wschr. **82**, Nr 21 (1926). — [31] *Polland, R.*, Wien. med. Wschr. **76**, Nr 49. — [32] *Unna, P. G.*, Dermat. Wschr. **83**, Nr 28 (1926). — [33] *Walkhoff, O.*, loc. cit. S. 56. — [34] *v. Hahn, F.-V.*, Zahnärztl. Rdsch. **1927**, H. 35. — [35] *Hebler, F.*, im Handbuch der kolloidchemischen Technik, herausgegeben von *R. E. Liesegang*, S. 170 (Dresden 1926). — [36] *Abbe, E.*, zit. nach *v. Hahn*, Dispersoidanalyse S. 37ff. (Dresden 1928). — [37] *Windisch, K.*, Landw. Jb. **30**, 470 (1901). — [38] *Portele, K.*, Weinlaube **24**, 373 (1892); zit. nach *Windisch*. — [39] *Siedentopf, H.*, Z. Mikrosk. **25**, 424 (1918); — Verh. dtsch. phys. Ges. **12**, 17 (1910). — Kolloid-Z. **36**. — Zsigmondy-Festschrift (1925). — [40] *Gerhardt, U.*, Z. Phys. **35**, 697

(1926); **44**, 397 (1927).— [41] *v. Baeyer, O.*, und *U. Gerhardt*, Ebenda **35**, 718 (1926). — [42] *Michelson*, Philosophic. Mag. (5) **30**, 1 (1890). — [43] *v. Hahn, F.-V.*, Dispersoidanalyse S. 490ff. (Dresden 1928). — [44] *Landwehr, W.*, cit. nach *v. Hahn*, loc. cit. S. 126—128. — [45] *v. Hahn, F.-V.*, loc. cit. — [46] *Hüttig, G. F.*, Keram. Rdsch. **31**, 394 (1923). — Z. angew. Chem. **37**, 48 (1924). — [47] *Praussnitz, P. H.*, Chem. Ztg. **48**, 109 (1924). — [48] *Ostwald, Wo.*, Kleine Praktik der Kolloidchemie 4. Aufl. 26 (Dresden 1922). — [49] *Handovsky*, Abderhaldens Handb. d. biol. Arbeitsmethoden **3**, 315. — [50] *Ruoss*, Chem.-Ztg. **50**, 83 (1926); zit. nach *Hebler*. — [51] *Hebler, F.*, im Handbuch der kolloidchemischen Technik, herausgegeben von *R. E. Liesegang* (Dresden 1926), S. 79. — [52] *Lukas, R.*, Kolloid-Z. **21**, 192 (1917). — [53] *Sahlbom, N.*, Kolloidchem. Beih. **2**, 79 (1910). — [54] *Ostwald, Wo.*, Kolloid-Z. **36**, 46 (1925). — [55] *Udden, J. A.*, Neues Jahrbuch der Mineralogie, 2. Rrf., 74 (1900); zit. nach *Ehrenberg*, Bodenkolloide, 3. Aufl., 7 (Dresden 1922). — [56] *Hebler, F.*, Kolloidchemische Technik, herausgegeben von *R. E. Liesegang*. 180 (Dresden 1926). — [57] *Ostwald, Wo.*, und *F.-V. v. Hahn*, Kolloid-Z. **30**, 62 (1922). — [58] *Wiegner, G.*, Landw. Versuchsstat. **91**, 41 (1919). — [59] *Freundlich, H.*, und *Schucht*, Z. physik. Chem. **85**, 660 (1913). — [60] *Mecklenburg, W.*, Ebenda **83**, 609 (1913). — [61] *Ostwald, Wo.*, Kleine Praktik der Kolloidchemie, 4. Aufl. 103 (Dresden 1922). — [62] *Ostwald, Wo.*, loc. cit. S. 103. — [63] *Spring, W.*, Bull. de la Soc. Belge de Geologie (2) **7**, ibid. 25 (1903). — [64] *Paneth, F.*, und *W. Thiemann*, Ber. dtsch. chem. Ges. **57**, 1215 (1924). — [65] *König, J.*, Landw. Versuchsstat. **75**, 377 (1912). — [66] *Gorsky, M.*, Z. f. Landw. Versuchswesen in Österreich **15**, 1201; zit. nach *Honkamp*, Agrikulturchemie 130 (Dresden 1924). — [67] *Ashley, H. U. S.*, Geol. Survey Bullet 388. — [68] *Rohland, P.*, Landw. Jb. **42**, 329. — [69] *Pelet-Jolivet*; Kolloid-Z. **2**, 41 (1908). — [70] *Lorenz, E.*, Inaug.-Diss. Hamburg 1929. — [71] *Ostwald, Wi.*, Z. physik. Chem. **34**, 495 (1900). — [72] *Boguski*, Kosmos **1**, 587 (1876); Ber. dtsch. chem. Ges. **10**, 34 (1877). — [73] *Centnerszwer, M.*, und *Js. Sachs*, Z. physik. Chem. **87**, 696 (1914). — [74] *Tammann, G.*, Z. anorg. Chem. **146**, 413 (1925). — [75] *Schaaf, F*, Ebenda **126**, 241 (1923). — [76] *Ostwald, Wo.*, Grundriß der Kolloidchemie, 1. Aufl. 435 (Dresden 1909). — [77] *Milner*, Philosophic Mag. (6) **13**, 96 (1907). — [78] *McLewis, W. C.*, Ebenda (6) **15**, 499 (1908); **17**, 466 1909). — [79] *Walker, E. E.*, J. chem. Soc. Lond. **119**, 1521 (1921). — [80] *McBain, J. W.*, und *M. Taylor*, Ber. dtsch. chem. Ges. **43**, 321 (1910); — J. chem. Soc. Lond. **101**, 2041 (1913). — [81] *Traube, J.*, Ber. dtsch. chem. Ges. **20**, 2644 (1887). — [82] *Brinkman, R.*, und *E. van Dam*, Münch. med. Wschr. **1921**, 1550. — [83] *Lenard, P.*, *R. v. Dallwitz-Wegener* und *E. Zachmann*, Ann. Physique (4) **74**, 381 (1924). — [84] *v. Hahn, F.-V.*, Dispersoidanalyse (Dresden 1928). — [85] *Oden, S.*, Internat. Mitt. f. Bodenk. **5**, 257 (1915). — Kolloid-Z. **18**, 45 (1916). **26**, 100 (1919). — [86] *Wiegner, G.*, Landw. Versuchsstat. **91**, 41 (1919). — [87] *Kelly, W. J.*, Industr. and Engin. Chem. **16**, 928 (1924). — [88] Über diese Abart des Zweischenkelflockungsmessers siehe *F.-V. v. Hahn*, Dispersionsanalyse (Dresden 1928), 305. — [89] *Gessner, H.*, Kolloid-Z. **38**, 119 (1926). — [90] *Hebler, F.*, Kolloid-Z. **36**, 42 (1924). — [91] *Hebler, F.*, loc. cit. — [92] *Brown, R.*, Philosophic. Mag. (1), **4**, 101 (1828); **6**, 161 (1829); **8**, 41 (1830). — Ann. Physique (1) **14**, 29 (1828). — [93] *Lehmann, O.*, Molekularphysik I, 265 (Leipzig 1888). — [94] *Fürth, R.*, Ostwalds Klassiker der exakten Wissenschaften Nr. 199, 54 (Leipzig 1922); siehe auch Kolloid-Z. **42**, 197 (1927) — [95] *Perrin, J.*, Ann. de Chim. et de Phys. (8) **18** (1909). — Kolloidchem. Beih. **1**, 221 (1909). — [96] *Lamb, H.*, Lehrbuch der Hydrodynamik 736. — [97] *Lord Rayleigh*, Philosophic. Mag. **36**, 365 (1893). — [98] *Allen, H. S*, Ebenda **50**, 323 (1900). — [99] *Arnold, H. D*, Ebenda **22**, 755 (1911). — [100] *Zeleny, J.*, und *L. M. McKeeham*, Physikal. Z. **11**, 78 (1911). — [101] *Oseen, C. W.*, Arkiv för Math. Astr. och Fysik av K. Svenska Akad. in Stockholm **6**, Nr. 29 (1910); **9**, Nr 16 (1913). — [102] *Oden, S.*, Kolloid-Z. **18**, 33 (1916). — [103] *Lorentz, H. A.*, Ann. des Physiol. (2) **12**, 127 (1881); vgl. auch die Untersuchungen von *R. Ladenburg*, Ann. de Physiol. (4) **23**, 447 (1907). — [104] *Westgren, A.*, Ann. de Physiol. (4) **52**, 308 (1917). — [105] *Stock, J.*, Anzeiger d. Akad. d. Wiss. Krakau A19 (1911). — [106] *Cunningham, E.*, Proc. roy. Soc. Lond. A **83**, 357 (1910). — [107] *Lord Raygleigh*, Philosophic. Mag. **21**, 697 (1911). — [108] *Picciati, G.*, Rend. Acc. Lincei **16**, 45 (1907). — [109] *Boggio, T.*, Ebenda **16**, 613, 730 (1907). — [110] *Oberbeck, A.*, J. f. Math. **81**, 62 (1876). — [111] *Gans, R.*, Sitzgsber. d. Akad. München **1911**, 191. — [112] *Zeleny, J.*, und *L. W. McKeeham*, Physikal. Z. **11**, 78 (1911). — [113] *v. Hahn, F.-V.*, Dispersoidanalyse (Dresden 1928), 303. — [114] *Gessner, H.*, Kolloid-Z. **38**, 118 (1926). — [115] *v. Hahn, F.-V.*, Sitzgsber. d. Leipz. Chem. Ges. am 9. XII. 1921. — [116] *Stokes, G. G.*, Cambr. Trans. **9**, 5, 8 (1851). — Math. and Physic. Papers **3**, 59 (1851). — [117] *Kirchhoff, G.*, Vorl. über math. Phys., 4. Aufl., **1**, 378 (Leipzig 1897). — [118] *Lamb, H.*, Lehrb. d. Hydrodynamik, deutsch von *H. Friedel*, §§ 94, 95, S. 325 (Leipzig 1907). — [119] *Boussinesq, J.*, Ann. de Chim. et de Phys. **29**, 394 (1913). — Beibl. d. Phys. **37**, 1357 (1913). — [120] *Noether, F.*, Z. Math. u. Phys. **62**, 1 (1913). — [121] *Oseen, C. W.*, Arkiv för Math. Astr. och Fysik **6**, Nr 29 (1910); **7**, Nr 9—12 (1911). — [122] *Landolt-Börnstein*, Physik. chem. Tabellen, 3. Aufl. (Berlin 1905).

Lebenslauf.

Ich, *August Friedrich Thölcke*, bin geboren in Hamburg am 15. Mai 1904 als Sohn des verstorbenen Zahntechnikers August Thölcke und seiner Ehefrau Alma, geb. Semmelhaack. Ich besuchte die Realschule zu St. Pauli, wo ich 1919 das Einjährigen-Examen machte. 1922 bestand ich das Abiturium am Heinrich Hertz-Realgymnasium zu Hamburg. Anschließend widmete ich mich dem Studium der Zahnheilkunde an den Universitäten Hamburg und Würzburg. 1926 bestand ich in Hamburg das zahnärztliche Staatsexamen und erwarb die Approbation für das Deutsche Reich. 1927 ließ ich mich als praktischer Zahnarzt in Hamburg nieder, woselbst ich jetzt tätig bin. Am 16. Februar 1929 habe ich mich mit Frl. Else Hartrodt verheiratet.

If you have any concerns about our products,
you can contact us on
ProductSafety@springernature.com

In case Publisher is established outside the EU,
the EU authorized representative is:
**Springer Nature Customer Service Center GmbH
Europaplatz 3, 69115 Heidelberg, Germany**

Printed by Libri Plureos GmbH
in Hamburg, Germany